KB074268

**최소한의
육아**

고지혜
지음

최소한의
육아

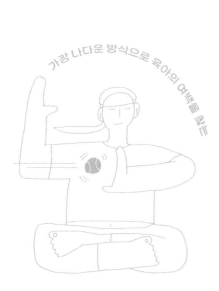

가장 나다운 방식으로 육아의 여백을 찾는

누구보다 자신을 사랑하고
이름을 잃지 않으려 애쓰는
모든 육아 동지들에게

나는 엄마가 되고 싶었다.

남들보다 늦은 결혼 후, 아이 없이 둘만 사는 것도 괜찮겠다 생각한 때도 있었다. 어느 순간 함께 행복을 나눌 존재가 간절해졌고 우리 부부가 원하면 아이는 언제든지 생긴다고 믿었다.

오만이었다.

아이는 쉽게 찾아와주지 않았다. 인공수정과 시험관을 반복하며 생명을 품는 일이 얼마나 대단한 확률의 결과인지 알게 되었다. '나도 엄마가 될 수 있을까?' 하루에도 몇 번씩 되물었다. 더 행복해지자고 시작한 시험관이었는데 임신을 위한 여정은 너무나 혹독하고 힘들었다.

그렇게 세 번의 시험관을 거쳐 첫째 정글이를, 일곱 번의 시험관을 거쳐 정글이가 네 살 되던 해에 둘째 정의를 품에 안았다. 다들 대단하다를 넘어 '독하다'는 말로 나를 묘사했다. 열 번의 전신마취와 맞바꾼 아이들이었기에 육아는 세상에서 가장 복되고 행복한 시간일 거라고 생각했다.

착각이었다.

바라만 봐도 벅차오르는 두 아이를 키우는 게 왜 이리 힘들까? 이보다 더 행복할 순 없다가도 몇 분 사이에 고성이 오가는 전쟁터가 된다. '나'로 존재하는 시간은 사라진 지 오래고, 어느 순간 어디서부터 잘못됐는지 알 수 없는 자책으로 하루를 보내곤 했다. 너덜너덜한 몸으로 아이들을 먹이고 재우는 것만으로도 힘겨운데, 좋은 아이는 좋은 엄마가 만든다며 세상은 아이에게 이중 언어를 만들어주고 자존감을 높여줘야 한다고 조급하게 내몰았다.

'백일이 지나면, 돌이 지나면, 육아에 적응하면 이것도

하고 저것도 해야지.'

첫째 정글이를 낳고 돌보면서 육아에 '적응'하는 시간이 올 거라고 기대했지만 그런 순간은 찾아오지 않았다. 매년 아이의 성장에 맞춰 새로운 과업들이 쏟아졌다.

매일매일 아이와 분투하며 고민하다 여행이 그렇듯 육아에도 여백이 필요하다는 것을 알게 되었다. 무료한 순간, 아이는 스스로 멋진 친구를 만들어냈고, 조급함을 내려놓으니 그 자리는 바람과 들꽃이 채워주었다. '남들처럼'이라는 욕심을 비워내니 비로소 내가 보였다. 내가 좋아하는 것, 내가 행복한 것을 찾기 시작하자 자연스럽게 아이가 좋아하는 것, 아이가 행복한 것이 무엇인지 더 잘 보였다.

내가 좋아하는 것을 아이와 함께하니 조금씩 우리만의 육아 궤도를 찾을 수 있었다. 세상에는 다양하고 훌륭한 육아법이 정말 많지만 그것을 참고하되 나와 내 아이에게 맞는 육아법은 둘이서 함께 만들어가야 하는 것이었다.

이 책은 아이를 영재로 키워낸 육아 고수의 성공담은 아니다. 긴 난임 터널을 지나 엄마가 되었고, 좋은 엄마처럼 보이느라 분주했던 삶에서 벗어나 진짜 엄마가 되는 과정을 솔직하게 담아냈다.

늦게 시작한 육아에 '엄마'라는 이름이 버거웠던 때, 괜찮다고 말해주는 사람이 있었으면 했다. 아이가 한 끼 정도는 굶어도 괜찮다고, 밥 대신 컵라면을 먹어도 괜찮다고, 아이 혼자 좀 심심해도 괜찮다고, 성격 좋은 아이는 엄마의 노력만으로 만들어지는 것이 아니라고. 늦은 밤 불안과 자책으로 잠 못 이루는 나의 지친 어깨를 두드리며 '애썼어, 지금도 충분해' 하고 위로해주는 사람이.

부디 이 책이 당신에게 그런 위로와 응원이 되었으면 좋겠다.

육아서를 쓴다고 정작 육아는 뒷전이었던 엄마를 믿고 응원해주는 두 딸, 정글이와 정의. 나를 나로 살 수 있게 해준 남편 정지용 씨.

내 삶에 나타나줘서 고맙다.

아이들을 재우고 혼자 연필을 깎는 밤

고지혜

〔 차례 〕

일러두기

- 본문 내용 중 일부는 작가의 의도를 잘 살리기 위해
  작가의 표현과 입말을 살려 넣었습니다.
- 본문의 나이 표기는 만 나이를 기준으로 표기했습니다.

PART 1

너를 사랑하는데
왜 네가 힘들까

그토록 해보고 싶었던 입덧,
간절하게 품고 싶었던 나의 아이,
꿈에서라도 듣고 싶었던 '엄마'.

육아는 당연히 기쁘고 행복하기만 할 줄 알았다.
마흔이 다 된 나는 아직 모르는 게 너무 많았다.

너를 기다리다
마흔을 얻었다

아침 7시. 밥은 못 챙겨 먹어도 혼자 맞는 호르몬 주사는 배에 찔러 넣고 출근해야 했다. 이유 없이 끓어오르는 짜증은 주사 부작용일까, 피멍이 든 배에 또 주사를 놓아야 하는 스스로에 대한 연민일까. 이런 행위들의 목적도 의미도 흐릿해져 어떻게 흘러가는지도 잘 모르겠다. 나는 이미 브레이크 없는 기차에 올라탔고 의료진들이 설계한 큰 그림 안에서 의지 없이 움직이고 있었다. 진짜 아이를 원하는 건지, 주위에 다들 아이가 있으니까 시기와 질투심에 아이를 갖고 싶은 건지도 희미하다.

출근하니 동료들의 웃음소리가 파티션을 넘어 들려왔다.

'너희는 뭐가 그리 좋냐.'

자조 섞인 비난을 나직이 내뱉으며 미열과 두통을 잠재우려 빈속에 진통제 두 알을 털어 넣었다.

세 번이나 시도한 인공수정은 모두 실패로 끝났다. 의사의 권유로 시험관 시술을 했고 임신 여부를 검사하기 위해 병원에 가는 날이었다. 출근을 하고서도 오전 내내 글씨가 눈에 안 들어와 커서만 바라보다 오후 반차를 내고 병원으로 향했다. 늦가을 들녘은 아름다웠고 길게 늘어진 햇살은 풍요롭고 따뜻했다. 온 세상 사람들 모두 행복한데 나만 불행한 것 같았다.

병원에 도착해 피를 뽑고 기다렸다. 로비의 시계가 멈춘 것 같아 응시하기를 몇 번, 간호사가 내 이름을 불렀다.

역시나 실패였다. 옆에 있던 남편을 향해 있는 힘껏 짜증을 내고 소리쳤다. 눈물이 가득 차 목소리가 흔들렸다. 내가 느끼는 부작용은 짜증과 분노로 족하다. 슬픔과 자기 연민까지 찾아온다면 노땡큐다. 할 말이 있는지 앞서 걷던 남편의 어깨가 한 번 들썩였다 가라앉았다.

오후 6시 30분. 쉬고 싶었지만 집 안을 잠식한 무거운 공기를 견디기 힘들어 밀린 일이나 하자 싶어 사무실에 갔다. 내심 아무도 없기를 바랐는데 제법 많은 직원들이 남아있었다. 웃으며 걸어오던 직원들이 내 표정을 살피더니 재빨리 발길을 되돌렸다.

담당 의사가 처음 난임으로 진단하고 시술이 필요하다고 했을 때 나는 당당히 의사의 오진을, 당신이 틀렸음을 빨리 임신을 해서 증명하고 싶었다. 세 번의 인공수정을 하면서도 난임이라는 사실을 받아들이지 못했다. 그저 우리 부부는 조금 느린 것뿐이라고 생각했다. 이제 인정하고 받아들일 때가 되었나 보다. 팀장님과 난임 휴직을 의논해보고 싶었다.

"팀장님."
"응, 지혜야."

팀장님은 짐짓 태연하게 대답하셨다.

"저, 오늘 안 됐어요."

나도 모르게 눈물이 터졌고 순간 어수선하던 사무실에 정적이 흘렀다. 그 고요가 나는 위로받아야 하는 사람이라고 말하는 것 같아 울음이 쉽게 그쳐치지 않았다. 팀장님은 내가 안정을 찾을 때까지 아무 말 없이 기다려주셨다.

"저 휴직해야 할 것 같아요."
"그래, 괜찮아. 내일부터 쉴래?"

통보에 가까운 나의 말에 팀장님은 1초의 망설임도 없이 말씀하셨다. 통상적으로 1월 초에 인사가 이루어지는 공무원 조직에 10월의 갑작스러운 공석은 동료와 팀장의 업무를 가중시킨다. 특히 내가 근무하던 복지과는 당면 업무들과 민원 전화 등으로 예상치 못한 일이 수시로 생기는 부서다. 휴직이든 퇴사든 떠나는 사람은 떠나면 그만이지만 남은 사람들이 나눠야 하는 업무와 민원의 무게는 꽤 무겁다.

이런 사정을 잘 알기에 다음 해 1월 정기인사를 염두하고 말을 꺼내긴 했지만 팀장님은 그 모든 숙명을 껴안고 나에게 쉬라고 한 것이다. 나는 그날 팀장님의 배려에 몸과 마음을 추스르고서 12월까지 근무하고 다음 해 1월에 휴직했다.

난임 휴직은 부끄러운 것이 아니라 건강한 욕심임을 온전히 쉬고 나서야 깨달았다. 그렇게 시험관 3차에 드디어 임신이 되었다. 나의 자궁은 자신도 제 할 일이 있다는 것을 알리듯 아이를 품고 부풀어 올랐다.

우리는 '첫째'라고 부르고
세상은 '늦둥이'라고 부른다

초록빛 나무가 수분을 머금어 몸통을 지그시 누르면 손
톱자국이 남을 것 같은 여름날이었다.

점심을 준비하기 위해 냉장고 문을 열었다. 오이와 군내
나는 김치가 덩그러니 자리를 차지하고 있었다. 만만한 달
걀 프라이를 할까 싶어 달걀 두 알을 꺼내 들었다.

"우리 나가서 먹을⋯."
"그럴까?"

내 마음을 들여다보기라도 한 듯한 남편의 달콤한 제안에 말이 끝나기도 전에 대답이 튀어나왔다.

정글이를 업은 채로 걷다보니 땀이 흐르고 대충 묶은 머리카락이 얼굴에 달라붙기 시작했다. 포대기 밑으로 흘러내리던 땀은 어느새 늘어진 회색 티셔츠 가슴께에 독특한 문양을 만들었다. 그냥 집에서 먹을 걸 그랬나, 후회가 밀려올 즈음 식당에 도착했다.

시원한 에어컨 바람이 우리를 반겨주었고 낡은 식당 여기저기서 일정한 속도로 만드는 기계음이 안정감을 주었다. 신발을 벗고 좌식 테이블에 앉아서 먹는 식당이었는데 늦은 점심을 먹는 아저씨들의 안전화들이 신발장에 가지런히 놓여 있었다.

이제 두 돌이 된 정글이는 물방울이 하나로 합해지는 게 신기했는지 테이블 위에 흩뿌려져 있던 물로 그림을 그렸다. 아이의 별사탕 같은 손바닥과 수시로 접혔다 펴졌다 하는 손가락들을 바라보는 모든 순간이 달콤했다. 듬성듬성 손님이 자리를 채운 식당의 시간은 더디게 흘렀다.

50이 넘었을까? 사장으로 보이는 여인이 동그란 스테인리스 쟁반에 물병과 컵을 내왔다. 그녀가 나와 남편, 정글이를 번갈아 힐끔 쳐다보는 게 느껴졌다.

"늦둥이인가 보네요."

남편과 나의 시선이 물병 위에서 부딪쳤다. 내 나이 서른 여섯, 남편 나이 마흔하나에 정글이를 낳았으니 우리에게는 첫째아이지만 통상적인 궤도에 대입해보면 늦둥이가 맞다.

조곤조곤 이야기를 주고받던 우리는 입을 다물었다. 선풍기 바람도, 옆 카페에서 희미하게 흘러나오는 음악도, 갓 무쳐 진한 참기름 냄새가 스치는 오이무침도 더 이상 유쾌하지 않았다. 아무것도 모르는 정글이는 통통한 제 허벅지에도 물을 묻혀가며 놀고 있었다. 아이의 놀이는 점점 대담해졌고 우리는 서둘러 식사를 마쳤다.

식당 사장이 한 말은 그리 무리한 짐작은 아니었다. 늙은 부모라며 자조 섞인 농담을 하곤 했지만 타인의 눈에도 그렇게 보인다는 사실이 서글펐다. 막연한 짐작을 현실에서 직면한 셈이다. 이만하면 동안이라며 현실을 부정했던 지난날이 우스워 헛웃음이 났다. 나보다 나이가 많은 남편의 얼굴에도 서운함과 아쉬움이 고여 있었다.

'괜찮아, 늦게라도 우리에게 아이가 온 게 어디야' 하며 스스로를 위로했지만 억울했다. 남들이 출산과 육아에 시간과 체력을 쏟아붓는 30대에 나도 놀지 않았다. 최선을 다해 난임 병원 생활을 했다. 긴 시간 포기하지 않고 병원을 오간 덕에 정글이를 얻었지만 나의 젊음과 통장 잔고는 그 길 위에서 휘발되었다.

집으로 돌아가는 길, 포대기 끈이 굽은 어깨를 견디지 못하고 자꾸 흘러내렸다. 모유인지 땀인지 알 수 없는 것들로 앞섶이 흥건했다. 불어난 뱃살과 젖은 앞섶이 부끄러워 몸이 움츠러들었다. 겨우 10킬로그램도 안 되는 정글이가 그날따라 너무 무거웠다.

마흔에 생긴
새로운 소원

정신을 차리려고 연거푸 마신 커피 때문에, 징징대는 첫째 정글이 때문에 늦게 잠을 잔 날이면 몸은 지난밤 일탈을 그대로 반영했다. 인중에는 뾰루지가 올라오고 눈 밑이 바르르 떨리면서 원인을 알 수 없는 짜증이 치밀어 오른다.

타고난 골격근량이나 기초 대사량이 높진 않아도 큰 질병 없이 잘 살아왔건만 아침마다 손목이 시큰거리고 기지개를 펴다가도 담에 걸리곤 했다. 7년간 병원을 제 집처럼 드나들며 아침저녁으로 호르몬을 맞은 탓인지, 마흔 넘어 둘째를 낳아서인지 성치 않은 이빨이 늘어나고 조금만 무리해도 금방 몸이 삐그덕거린다. 그래서 아침에 일어나면 이렇게 소망하곤 한다.

'오늘은 안 아팠으면 좋겠다.'

둘째 정의를 낳고 집으로 돌아왔을 때다. 남편이 아침 8시에 출근하니 9시까지 자는 정글이를 어린이집에 데려다줄 사람은 나밖에 없었다. 출산 후 2주간 집으로 오는 산후도우미에게 등원을 부탁해도 되지만 가뜩이나 어린이집에 가기 싫어하는 아이를 어르고 달래줄 엄마의 동행이 필요했다. 어린이집에 보내지 말까 잠시 고민했지만 데리고 놀아줄 체력도 안 되고 유튜브만 보는 데다 먹는 것도 시원찮았다.

정글이에게 책을 읽어주고 색종이도 같이 오려 붙이고 색칠을 해도 겨우 20분이나 지났을까? 결국 정의를 산후도우미에게 맡기고 정글이에게 외투를 입혀 어린이집으로 향했다.

한겨울 찬바람이 양말로 머리카락 속으로 비집고 들어왔다. 서둘러 어린이집으로 가려고 했지만 아이의 손가락 끝이 어린이집이 아닌 편의점으로 향했다.

원색 플라스틱 장난감이 들어 있는 초콜릿 두 알을 고른 아이는 신났다. 편의점을 나오기도 전에 이미 초콜릿을 오물거리며 장난감을 조립하고 있었다. 안 그래도 느린 걸음은 더 느려졌고 찬바람이 더 날카롭게 느껴졌다.

여기서 아이에게 언성을 높이거나 재촉하면 안 된다. 어린이집을 안 가겠다고 하면 더 낭패기 때문이다. 다음으로 향한 곳은 문구점이었다. 이미 가게에서 파는 거의 모든 스티커를 샀는데 또 살 심산인지 스티커 코너에서 눈을 떼지 못했다. 아이는 시간이 한참 지나서야 마음에 드는 스티커를 골랐다. 이제 어린이집으로 가려나 했는데 이번에는 집에서 인형놀이를 하자고 했다. 정신이 번쩍 들지만 내겐 선택권이 없었다. 일방적인 수용만 있을 뿐.

결국 다시 집으로 돌아와 역할놀이를 했다. 정글이는 사장님, 나는 손님. "어서오세요"를 몇 번이나 반복했는지 모르겠다. 시계를 보니 이제 겨우 1분이 흘렀다.

"엄마! 이제 어린이집 가자."

얼마나 기다렸던 말인가.

정글이에게 둘째의 탄생으로 인한 변화를 느끼게 하거

나 첫째의 희생을 당연하게 요구하고 싶지 않았다. 단 한 번도 정글이가 동생을 갖고 싶다고 말한 적은 없었다. 철저히 나의 바람과 욕망이었고 우리 부부의 선택이었다. 그러나 이 모든 것을 감당하기엔 내 몸은 너무 지쳐 있었다.

정의에게 젖을 물리고 씻기고 선 채로 국에 밥을 말아 들이켜듯 겨우 끼니를 해결하고 나니 정글이의 하원시간이었다.

제왕절개로 많은 피를 흘리고 늘어난 자궁이 천천히 회복하는 산욕기에는 최대한 잘 먹고 쉬어야 한다지만 둘째를 낳고 집으로 돌아오자마자 몸에서 착즙하듯 모유를 짜냈다. 아침에 일어나면 머리가 깨질듯이 아프고 몸이 무거웠다. 정글이가 자다가 통나무 같은 다리로 내 젖가슴을 내리치기라도 하면 정말 악 소리나게 아팠다. 임신 7개월 무렵부터 퉁퉁 부었던 손발이 이제야 제 모습을 찾았지만 아직 주먹이 잘 쥐어지지 않았다. 발등과 발바닥은 불에 댄 듯 화끈거리고 저렸다.

체력이 안 되니 남편도 나도 쉽게 지쳤다. 발에 치이는 것들만 겨우 치우고 정글이에게 유튜브를 튼 휴대전화를 쥐어주고선 이불 속으로 미끄러졌다. 내가 꿈꾸던 이상적인 육아의 모습은 현실과 너무 멀었다. '정글이 하나도 제대로 감당하지 못하면서 갓난아이를 키울 수 있을까?', '작은 변수에도 이렇게 쉽게 무너지는데 이런 정신력과 몸으로 잘 버텨낼 수 있을까?' 불안과 걱정이 쉼 없이 일렁였다.

혼자 작은 네모 창에 빠져 있다 잠든 아이의 이불을 목까지 끌어당겨주고 나도 다시 잠들었다. 자책과 미안함이 범벅된 하루가 또 저물어간다.

아무것도 안 하는데
마음만 불안해

모두가 휴대전화 속으로 얼굴을 파묻는 지하철 안. 나도 인스타그램의 네모난 창을 눌렀다. 마침 눈에 들어온 한 계정의 주인장은 아이를 둘이나 낳았다는데 여전히 허리가 가늘고 납작하다. 주방을 누비는 그녀의 움직임은 칠판 위 백묵처럼 정제되고 간결했다.

그녀의 아이는 혼자 야무지게 밥을 떠서 고급스러운 나무 식판을 채운 갖가지 채소를 올려 먹었다. 밥알로 가득 찬 두 볼이 어찌나 사랑스러운지 한참을 바라보았다. 식판을 싹싹 비운 아이는 카메라를 향해 엄지척을 날렸다. 아이 뒤

로 군더더기 없는 살림살이들이 제 위치에서 은은하게 빛
났다.

다른 영상을 눌렀다. 정글이 또래로 보이는 아이가 테이
블을 닦고 있었다.

"What are you doing?"
"I'm wiping the table."

화면 속 엄마가 영어로 질문하자 아이는 거침없이 영어
로 대답했다. cleaning도 아니고 wiping이라니. 불안과 조
급증이 파도처럼 몰려왔다. 아이는 100일이 지나면서부터
엄마와 영어로 대화했다는데 거부감이나 불편함이 조금도
없어 보였다.

방구석에서 먼지만 쌓인 채 잊혀진 영어 보드게임과 냉
장고에 어지럽게 붙어 있는 알파벳 블록이 떠올랐다. 장난
감도 교구도 주인이 애정을 갖고 매만졌을 때 제 역할과 구
실을 다할 수 있는 것이었다.

알고리즘이 골라준 다음 영상을 눌렀다. 넓찍한 플레이
매트 위에서 미술 가운을 입은 아이가 온몸에 물감을 묻히

며 놀고 있었다. 이제 돌이나 지났을까 싶은 둘째도 기저귀만 찬 채 물감 위를 뒹굴었다. 두 아이의 손발은 물론 머리카락과 얼굴, 작은 콧구멍 안까지 물감에 점령된 지 오래였다. 화면 밖의 나는 까마득한 뒷정리를 떠올리며 미간부터 찡그리는데 아이들과 엄마는 함박웃음을 짓고 있었다.

아차차, 이번 역에서 내렸어야 하는데 정신없이 영상을 보다보니 내려야 할 곳을 지나쳤고 병원 예약 시간도 임박해 있었다.

병원으로 급히 걸어가는 동안 마음이 무거웠다. 물론 나도 잘 알고 있다. 끝을 알 수 없는 걱정과 근심에 빠져 있다가도, 남편과 다투어도 단 1초, 아이가 웃어주는 순간을 박제하기 위해 휴대전화를 들고 기록한다는 것을 말이다.

저 엄마도 어린이집에 가지 않겠다는 아이에게 소리를 빽 지를까? 밥을 먹지 않으려 입을 앙다문 아이에게 "먹지 마, 먹지 마! 이제 아무것도 없을 줄 알아!" 하며 협박해본 적 있을까? '그만 보게 해야지' 하면서도 유튜브를 보며 얌전히 노는 아이를 모른 척한 적이 있을까?

나의 지난 행동들을 가만히 복기하고 있으니 못난 시기

심과 질투가 올라온다. 한편으론 그들의 여유가 부럽기도 하다.

그만 봐야지 하면서도 자꾸만 휴대전화를 들여다본다. 마음이 불편하고 한없이 위축되는데 손가락은 바쁘다. 나만 모르는 정보가, 나만 모르는 동창회가 열리고 있을 것만 같아 휴대전화를 놓을 수가 없다.

사실 이런 영상을 볼 때마다 죄책감과 열등감이 휘몰아친다. 저 엄마는 어떻게 저렇게 청소하지? 어떻게 매일 새로운 장소로 아이를 데리고 다닐까? 저 아이는 어떻게 저렇게 영어를 술술 읽을까? 잘 먹고 잘 자는 아이, 인사 잘하는 아이, 거기서 더 나아가 혼자 책을 읽고 외국어 한두 개쯤은 가볍게 구사하는 아이는 오롯이 엄마의 노력과 기량에서 만들어진다는 사회적 인식이 나를 자꾸 조급하게 내몰았다.

처음에는 나도 호기롭게 코끼리 모양의 식판을 준비했다. 살짝 휘어진 꼬리 부분에는 물컵도 끼워 넣을 수 있었다. 식판을 마주하고 맛있게 먹을 아이를 생각하니 주부 9단이 된 듯한 충만함에 자꾸 웃음이 나왔다. 몇 가지 채소를 무치고 소시지는 칼집을 넣고 검은깨를 박아 문어 모양으로 만들었다. 아이는 정성들여 준비한 화려한 식판을 보고선 탄성을 질렀다. 하지만 그 순간뿐, 기적은 일어나지 않았다.

잘 먹지 않는 아이에게 밥을 먹이는 일은 경험해보지 않은 사람들은 잘 모른다. 영혼을 갈아 음식을 만들고 한 숟갈 뜰 때마다 공중에서 에어쇼를 벌이듯 해서 겨우 먹였다. 한바탕 밥 먹이기 전쟁을 치르고 나면 쭈그리고 앉아 아이의 턱받이는 물론 식탁, 바닥까지 점령한 당근 조각을 주웠다. 대충 설거지를 마치고 뒤돌아서면 다음 끼니를 준비할 시간이다.

아이를 낳고 보니 우리 가족을 반겨주는 오프라인 세상은 그리 많지 않았다. 쉴 새 없이 칭얼대는 아이를 데리고는 어디를 가든 눈치가 보였다.

도톰한 우유 거품으로 켜켜이 하트 문양을 만든, 남이 만들어주는 카푸치노 한 잔이 간절할 때가 있다. 그러나 시도 때도 없이 '놀아줘'를 외치는 첫째와 서너 시간마다 젖가슴을 드러내고 수유를 해야 하는 둘째를 안고 밖에 나갈 엄두가 나지 않았다. 육아의 외로움을 호소해도 결혼을 하지 않은 친구들에겐 공감할 수 없는 투정으로, 육아 선배들에게는 육아의 보람을 모르는 철부지 엄마로 간주되기 일쑤였다. 기댈 곳 없는 나는 점점 휴대전화를 들여다보는 시간이 길어졌다.

정글이가 두루마리 화장지를 풀어헤친다. 뭔가 인스타그램에 올릴 만한 장면이 연출되는가 싶어 휴대전화를 꺼내 들고 준비해본다. 아이가 놀이에 집중하는 동안 사진을 찍으려고 했더니 아이 뒤로 둘둘 말린 극세사 이불이 걸린다. 온라인 세계의 사그락거리는 린넨 침구와 극세사 이불은 간극이 컸다. 얼른 뛰어가 카메라 프레임 밖으로 이불을 치우고 돌아왔더니 아이는 재미없다며 장난감으로 시선을 돌려버렸다. '한 번만 더 해보자'는 엄마의 부탁을 아이는 거절했다.

오늘 올릴 피드는 없다.

벌써 6시. 남편 퇴근시간이다. 자본주의 큰손이 만든 알고리즘에 허덕이다 오늘 하루도 망했다.

최소한의 육아

나는 안 그럴 줄
알았지

밤 12시. 뭔가 분주한 움직임이 석연찮아 실눈으로 더듬더듬 휴대전화를 찾아 CCTV를 켰다. 늦게 체크인 해도 괜찮겠냐는 예약 손님의 문자가 와 있었다. 대부분 늦게 체크인하는 금요일이지만 가족 여행인지 2인실 두 개를 예약해서 기억에 남았다. 그 손님들이 온 모양이다. 실내등이 켜진 승합차 한 대가 주차장 주위를 밝히고 있었다. 저 차가 손님 차겠구나 싶었다. 짐이 많은지 객실 창문에 차를 바짝 대고 창문으로 짐을 넣고 있었다.

잘못 봤나? 두 손가락으로 급하게 화면 크기를 키웠다.

아기였다. 속싸개로 싸맨 젖먹이가 자동차에서 객실 창문으로 이동했다. 좀 있으니 이제 겨우 혼자 앉을 수 있을 법한 아이가 같은 경로로 옮겨졌다. 대충 봐도 어른 네 명에 주차장과 객실을 뛰어다니는 애들이 두세 명은 넘어 보였다.

분명 2인실 두 개를 예약했는데 대체 몇 명이 온 것일까? CCTV를 앞으로 돌려보았다. 하나, 둘, 셋, 넷. 싸개에 싸여 있는 아이까지 정확히 아홉이다.

일을 그만둔 후 오래된 여인숙을 리모델링해 시작한 게스트하우스는 공간이 매우 좁다. 객실에는 침대와 테이블 한 개가 겨우 들어가 있고 의자 없이 침대에 앉아서 테이블을 이용하는 구조다. 방음도 약해 객실에 텔레비전도 놓지 않았다. 분명 예약할 때 객실에 대한 정보를 읽었을 텐데 아홉 명이 묵기엔 무리가 있었다. 생각을 정리해야 했다.

여행은 변수가 많은 행위다. 갑작스러운 날씨 변화나 뜻밖의 가족행사로 여행이 취소될 수도 있고 인원이 추가될 수도 있다. 그 불확실성이 여행의 묘미더라도 한두 명 추가는 그렇다고 치자. 저 어른 네 명은 어른들만 오려고 했으나 누군가의 대리 육아가 취소되어 급히 아이들을 동반하게 된 걸까? 아니면 처음부터 이 무례함을 계획한 걸까?

최소한의 육아

날 선 감정이 추슬러지지 않았지만 여행으로 들뜬 사람들 앞에서 맥락 없는 말들을 늘어놓고 싶지는 않았다. 무엇보다 그래서 내가 얻고자 하는 것이 무엇인지 결정하지 못했다. 예정에 없던 다섯 명의 추가 요금인지, 미리 전화 한 통 없었던 무례함에 대한 사과인지, 규칙을 어겼으니 나가라고 명령하며 잠시라도 느껴보고 싶은 갑질의 거드름인지를 결정해야 했다. 그것이 무엇이든 새벽 1시인 지금은 아니다.

다음 날 아침, 어떻게 그 많은 인원이 잠을 잤나 궁금했지만 모르는 척 객실로 향했다. 로비의 공용 냉장고가 무엇인가를 삐죽하게 내밀고 있었다. 냉장고 문을 여니 단단하게 언 사골국물 팩이 한꺼번에 우르르 떨어지며 둔탁한 소리를 냈다. 억지로 쑤셔 넣은 구슬아이스크림과 이유식, 양념에 재운 불고기, 각종 양념들로 300리터 구형 냉장고는 제 역할을 상실했다. 밤새 차분해졌던 마음에 다시 파문이 일며 심장이 뻐근해졌다.

거친 소리를 내며 걸어가다 발걸음을 멈추었다. 어떤 이유로든 주인장이 손님들과 언성을 높이는 것은 그리 유쾌한 장면이 아니다. 원하는 것이 추가 비용 몇만 원이라면 얘기는 더 추악스러워진다. 발걸음을 돌렸다.

방음이 약한 건물은 계단을 오르내리는 애들 때문에 쉴 새 없이 진동과 울림을 토해냈다. 라면 정도 끓일 수 있게 준비한 주방기구들은 요란한 굉음을 내며 불고기를 볶아내고 사골국물을 데우느라 바빴다. 모든 것이 과부하였다. 마주하기 힘든 시간이 흘렀고 체크아웃 시간이 되자 그들은 냉장고의 남은 반찬을 옮기고 피난민을 연상케 하는 이불 보따리를 차에 실었다.

두둑해진 배를 두드리며 과업을 마친 어른들이 차로 이동하고 있었다. 마지막까지 금연마크 앞에서 담배를 피우고 꽁초를 거리낌 없이 건물 앞에 버렸다. 이들은 주인과 마주하지 않아도 되는 게스트하우스 덕분에 싸게 잘 잤다고 생각할 것이다. 아홉 명이 10만 원이 안 되는 돈으로 숙식을 해결했다고 무용담처럼 떠들어댈 수도 있겠지. 어떤 이유에서든 호구로 이용된 느낌은 불쾌했다.

그들이 떠나고 게스트하우스는 다시 평온을 되찾았다. 객실 청소를 하려고 문을 열자 아이의 대변 냄새가 훅 끼쳐왔다. 매트리스가 흠뻑 젖어 있어 설마 하며 코를 대보니 역시나 소변이었다. 급히 남편과 무거운 매트리스를 마당으로 꺼내 세탁하고 햇볕에 말렸다. 입에서 욕지거리가 나오는 것을 겨우 참았다. 바닥과 침대에는 아직 마르지 않은 밥알이 묻어 있었다. 토요일이지만 눅진한 기저귀 냄새로 새로운 손님을 받을 수 없었다. 공용 화장실에도 사용한 기저귀가 나뒹굴고, 세면대에는 대변 본 아이의 엉덩이를 씻겼을 법한 흔적이 선명하게 남아 있었다.

기본도 상식도 개념도 없는 것들이 애를 낳았다며 한참을 욕했다. 저럴거면 집에 있지 왜 나왔을까. 한번 들끓기 시작한 분노는 쉽게 가라앉지 않았다. 늦은 밤까지 청소를 하고 겨우 잠이 들었다.

♡ ♡ ♡

며칠 후 고등학교 친구가 여행 겸 우리집을 찾았다. 중학교 때 만나 20년을 함께했지만 내가 멀리 떠나온 바람에 1년에 한 번 만나기도 쉽지 않았다. 모든 것이 변했지만 처음 만난 그때로 돌아간 것 같아 행복하고 설렜다. 당시 첫

돌이 지난 정글이와 셋이서 오래 앉아 있기 편한 백반집을 찾았다.

오랜만에 출구 없는 육아와 게스트하우스 청소로 종결되는 단조로운 일상에서 벗어나 친구와 수다에 빠져들었다. 모유 수유, 이유식, 유아식까지 이어지는 밍밍한 밥상에 권태로웠던 나에게 간이 센 반찬과 내 이야기를 들어주는 친구가 함께하는 밥상은 황홀했다.

멸치주먹밥을 주문해서 정글이에게 대충 먹이고 스마트폰을 쥐어준 후, 바운서에 넣었다. 시간이 좀 지나자 정글이가 바스락거리며 칭얼대기 시작했다. 강렬한 유튜브 캐릭터도 임계점에 봉착한 모양이다. 이 순간이 끝나버릴까 아쉬워 테이블 밑으로 다리를 뻗어 연신 바운서를 흔들었다. 바운서는 규칙적인 마찰음을 내며 끊임없이 흔들렸다. 아이는 낯선 공간이 어색했는지 기다림에 지쳤는지 앙 울음을 터뜨렸다. 바운서에서 정글이를 꺼내두고 다시 수다에 빠져들어 잠시 정글이의 존재를 잊었다.

얼마나 지났을까 얼핏 식당 주인이 우리에게 걸어오는 것이 느껴졌다.

'정글이 어디 갔지?'

순간 놀라 식당을 둘러봤다. 처음에는 시선으로나마 아이를 좇았으나 그것마저도 망각한 채 얘기를 하고 있었다는 것을 깨달았다.

"저희가 청소를 하긴 하지만 바닥에 술잔 조각이 많아서요."

충분히 참은 자의 한마디라는 것을 단번에 알아챘다. 정글이는 답답했는지 신발도 벗고 내 등 뒤의 출입문으로 나가 들꽃을 보고 그 발로 다시 식당으로 들어와 테이블 사이를 탐험한 모양이다. 이를 본 주인은 조마조마하며 우리 셋을 지켜보고 있었다.

아이 입가에는 노리개 젖꼭지 자국이 선명했다. 긴 시간이 흐른 모양이다. 식탁 위 남은 반찬들은 메말라 있었고, 오이무침을 씻어주느라 물컵에는 기름과 고춧가루가 떠다니고 있었다. 앉은 자리가 부끄러워 도망치듯 서둘러 식당을 나왔다.

달리는 차창 밖으로 데이지꽃이 일렁이며 수채화 같은 풍경이 펼쳐졌지만 마음이 쉽게 가라앉지 않았다. 수치심과 미안함에 손끝이 떨렸다.

"아! 맞다!"
"응? 왜왜?"

운전하던 친구가 이마에 주름을 잡으며 룸 미러로 나를 봤다. 집에 갈 때 챙겨갈 요량으로 똥기저귀를 고이 접어 의자에 끼워 놓았었다. 기저귀를 발견했을 주인의 표정이 짐작되고도 남았다.

나는 안 그럴 줄 알았지.

오늘도 너를
울렸어

문제는 도서관이었다. 여느 부모가 그렇듯 나도 아이가 책을 좋아하길 바랐다. 책의 맨들맨들한 질감, 자신의 존재를 드러내는 검은 글씨, 아이의 부름에 읽다 만 페이지 귀퉁이를 접으며 지성인으로 인도되는 설렘, 다 읽은 후 살짝 부풀어 오른 책을 책장에 꽂을 때의 충만감. 종이책이어야만 느낄 수 있는 이 감정들을 아이에게도 알려주고 싶었다.

아이가 나중에 어떤 일을 하든지 아침에 허둥대며 타인이 설계해놓은 빠듯한 일정에 자신을 구겨 넣지 않았으면 좋겠다. 어떤 국적의 연인을 만나든, 연인이 여자일 수도 남자일 수도 있겠지. 연인과 입을 맞추며 커피 한 잔으로 목을 축이고 각자 좋아하는 책을 꺼내 깊은 몰입의 즐거움을 느낄 수 있길 바란다. 그곳이 히말라야 능선 밑 베이스캠프일 수도, 사하라 사막의 어느 곳일 수도 있겠지.

집에서 가까운 단양의 도서관은 책뿐만 아니라 장난감도 몇백 개나 갖추고 있고 대여도 가능하다. 장난감들은 내 눈에는 크게 인형과 로봇으로 분류되지만 정글이에게는 각각 다른 피사체로 다가오는 모양이다. 도서관 나들이를 갈 때면 정글이는 언제나 장난감을 한가득 챙겨와 나를 찾곤 한다.

특히 도서관에 새로운 장난감이 들어오는 날에는 빳빳한 장난감 목록을 여는 정글이의 눈빛이 호기롭다. 정글이는 새 장난감을 진열해둔 선반을 둘러보며 신중하게 두 개를 골랐다. 지문 하나, 작은 상처 하나 없는 장난감은 매끈하고 화려했다.

집으로 돌아와 저녁을 준비하고 있는데 정글이가 할 말이 있는지 주방을 서성이다 쭈뼛쭈뼛 다가왔다.

"엄마, 지금 도서관에 또 가면 안 돼?"

"왜?"

"다른 장난감도 빌리고 싶어."

순간 마음속 깊은 곳에서 시작된 짜증이 올라온다. 옆집 아이는 장난감 하나로 두세 시간은 거뜬히 논다는데 겨울 햇살보다도 짧은 아이의 집중력이란. 다시 외투를 입히고 마스크를 씌워 떠나는 여정이 혹독하게 느껴졌다. 감정을 누른 채 아이를 설득할 방법을 찾았다.

"지금은 도서관 문 닫았어. 도서관 언니들도 배고프고 아가도 돌봐야 하니까 모두 집으로 돌아갔어. 내일 아침에 일찍 갈까?"

아이의 이마에 잠깐 그늘이 스쳤다가 내일 가자는 소리에 고개를 끄덕였다. 어쨌든 오늘 하루는 넘겼다.

다음 날 아침, 발목이 뻐근해 한참을 뒤척이다 일어났다. 둘째가 계속 칭얼대 젖을 물리느라 제대로 잠을 못 자서 그런지도 모르겠다. 바닥엔 기저귀가 나뒹굴고 유축기가 병원 링거 병처럼 늘어져 있었다. 커튼 틈을 비집고 들어온 아침 햇살이 지난밤의 독한 시간들을 여과 없이 비춰주었다.

멸치 몇 마리를 우려내어 아침을 준비하고 있으니 정글이가 다가왔다. 단내를 풍기며 다가오는 아이를 안았다. 품에 안긴 아이의 완두콩 같은 발가락을 하나씩 만져보았다. 여전히 달콤하다.

"엄마, 오늘 도서관에 가는 거지?"

싱글거리며 정글이가 물었다. 무방비 상태에서 당한 상대의 공격에 명치가 아프다. 이 체력으로는 도저히 도서관까지 갈 수 없다.

"오늘 도서관 문 안 열어. 문 닫는 날이래."

아무 말이나 던져 위기를 모면하고 싶었다. 아이의 미간이 좁아지더니 금방 눈물이 맺혔다.

"약속했잖아. 엄마 미워! 엄마 바보! 엄마랑 안 놀아!"

아이는 단숨에 말을 뱉더니 울기 시작했다. 에휴, 그놈의 약속.

아침부터 우는 아이를 피해 국에 밥을 말았다. 모든 감정이 파도처럼 밀려오는 상황에서도 허기는 쉽게 사라지지 않았다. 유쾌하지 않은 정적이 공간을 채웠고 젓가락의 마찰음이 정적을 깼다. 구석에서 혼자 훌쩍이던 정글이는 내게 걸어오더니 젓가락을 뺏어서 바닥에 내동댕이쳤다. 팽팽해진 갈등의 줄다리기 속에서 감당할 수 없는 화가 치밀어 올랐다.

"앞으로 아무것도 없을 줄 알아!"

거울로 내 모습을 봤다면 생경하고 낯설었을 표정으로 아이에게 버럭 소리를 지르고는 방으로 들어가 이불을 덮고 누웠다. 공포와 분노에 휩싸인 아이는 더 크게 목 놓아 울기 시작했다. 눈치를 보던 남편이 아이에게 조용히 뭔가를 지시했는지 아이의 울음소리가 점점 가까워졌다. 살짝 이불을 들어 밖을 보니 아이가 내 머리맡에서 울고 있었다. 턱 밑으로 눈물이 방울져 흘러내리고 얼굴은 눈물 자국으로 번들거렸다.

사실 아이에겐 아무런 잘못이 없다. 지금이라도 아이를 안아주고 달래 도서관에 가면 될 텐데. 이불 속에 숨어 시위하는 못난 엄마라니. 내 체력이 조금만 더 좋았다면, 조금만 더 젊었다면 얼마나 좋을까. '내 나이 몇 살에, 내 아이는 몇 살이다'라는 차갑도록 명징한 계산이 떠올라 속상하고 서글펐다.

이상은 까마득히 멀기만 하고 몸은 내 마음대로 움직여지지 않는 무거운 현실에 너를 그저 울리는 것밖에 할 수가 없다.

거기 누구
없소?

39.1도.

'삐삐삐' 작은 사각형이 빨간색으로 변하며 전자음을 냈다. 곤히 잠든 정글이의 얼굴을 바라보았다. 쌕쌕거리는 숨소리와 빠르게 뛰는 심장 소리가 방 안을 가득 채웠다.

이렇게 밤을 세운 게 언제였나? 20년 전, 대학 동기들과 술이 술을 부르던 밤. 새벽 3시까지 마시고도 아쉬워 한참이나 더 몸을 흔들었다. 해장국집에서 모주 한잔으로 속을 달래던 치기 어린 밤들 이후로 참 오랜만이다 싶었다.

아이의 손바닥 냄새를 맡으며 옆에 가만히 누웠다. 별사탕 같은 주먹에 내 손가락 하나를 밀어 넣으니 아이는 살며시 감싸쥔다. 입을 맞추니 뜨겁다.

산부인과나 소아과, 응급실도 없는 작은 도시. 시내 한가운데서 소백산을 마주하고 수많은 이야기를 품은 강물이 흘러가는 곳. 수려한 풍경에 반해 쉽게 정착하지만 심장이 파닥거리는 아이를 안고 미친듯이 응급실을 찾았던 육아 동지들은 이미 이곳을 떠나고 없다.

남편은 출근했고 아픈 아이는 오롯이 내 몫이 되었다. 약국에서 산 해열제는 잘 듣지 않았다. 열이 떨어지긴 했지만 정상 체온까지 떨어지진 않았고 두어 시간 뒤에 다시 올랐다. 병원이 너무 멀다보니 집에서 돌보며 아이를 좀 더 지켜보기로 했다.

약국에서 다른 해열제를 하나 더 사왔다. 파워블로거 엄마가 열이 떨어지지 않으면 두 종의 해열제를 교차로 먹이라 했다. 내게는 그들이 의사이고 약사였다. 두 시간 간격을 지키지 않으면 간에 무리가 간다고 했다. 그대로 이행했지만 아이는 체온이 오르내리기를 반복하면서 점점 지쳐갔다. 열은 잡히지 않았고 급기야 40도를 넘어섰다. 아이를 통해서 체온이 40도까지 올라갈 수 있다는 것을 처음으로 알게 되었다.

다른 해열제를 먹이려면 두 시간을 기다려야 하는데 열이 40도에 가까운 아이를 이대로 지켜보는 게 너무 힘들었다. 손발이 따뜻하고 열이 많아 늘 이불을 걷어차던 아이는 춥다며 이불을 찾았다. 오들오들 떠는 아이의 옷을 벗기고 물수건을 이마에 올렸다. 열이 오를수록 아이의 손과 발은 축 처졌고 흐느낌에 가까운 울음소리를 냈다. 곁에서 무력하게 바라볼 뿐 아이의 고통을 덜어주지 못하는 것이 너무 힘들었다.

감은 눈을 힘겹게 뜬 아이는 엄마의 존재를 확인하고선 다시 잠 속으로 빠져들기를 반복했다. 하얗게 말라버린 입술에도 물기를 얹었다. 물수건을 거부하던 아이는 이제 그럴 힘조차 없는지 나의 손길을 받아들였다. 물수건이 훑고 간 자리는 금방 다시 뜨거워졌고 대야의 물도 미지근해졌다. 물수건을 올려주고 미지근해진 물을 찬물로 교체하고 아이를 깨워 보리차를 먹이고 오줌을 싸게 했다. 아이는 짜증도 내지 않고 변기에 알몸으로 앉았다.

순둥이 둘째도 부산스러움에 잠 못 이뤄 칭얼댔다. 미지근해진 물수건을 쥔 채 젖을 물렸다.

♡ ♡ ♡

둘째 정의를 낳던 날, 나는 수술실에서 의사를 기다리고 있었다. 역아라 수술을 해야 했다. '갑자기 진통이 오면 병원에 어떻게 가나?', '병원으로 가다가 아이를 낳으면 어떡하지?' 같은 고민들은 모두 무용지물이 되었다. 마지막까지 아이가 몸을 돌려주길 바랐지만 양수가 부족했고 아이는 그럴 마음이 없어 보였다. 그렇게 정의는 배 속에서 반듯하게 서서 세상에 나올 때까지 얼굴 한 번 보여주지 않고 뒤통수로 인사했다.

수술실에서 천장의 타일을 눈으로 따라 그리며 시간을 보내고 있자니 누군가 들어오는 소리가 났다. 주치의인가 싶어 침을 삼켰다. 알몸에 닿는 린넨 이불은 차가웠고, 진한 소독약 냄새와 알 수 없는 의학용어들이 난무하는 간호사들의 대화가 까마득히 멀게 느껴졌다.

"안녕하세요. 마취의사예요."

"네."

의사와 간호사는 내 몸을 옆으로 돌려 새우처럼 만들었다. 내 몸은 저항 없이 무릎을 접어 끌어안는 자세가 되었다. 내 척추뼈들은 선명히 자신의 존재를 드러내고 있을 것이다. 라텍스 장갑을 낀 의사의 손끝이 척추에서 느껴졌다. 노련하고 간결한 움직임이다. 두 손으로 마취 지점을 찾던 의사는 한 손을 내 등에 올린 채 다른 한 손으로 주사기를 집어 드는 모양이다. 짧은 정적이 흘렀다.

"마취 시작해요. 좀 불편하실 거예요."

마취 주사는 길었다. 난임 시술을 하는 7년 동안 열 번의 전신마취를 했으니 익숙할 법도 하건만 아직도 액체 몇 방울에 신경이 마비된다는 것이 불쾌했다. 등이 뻐근했다. 조금 뒤, 따뜻한 물에 발을 담근 양 온기가 서서히 올라오더니 의사의 자극에도 내 다리는 반응하지 않았다.

의사 몇 명이 더 들어오는 것 같았고 분주해졌다. 수술실은 규칙적인 기계음으로 채워졌다. 이제 시작이구나 싶어

묘한 설렘과 불안이 섞여 숨소리가 거칠어졌다.

"의사 선생님들 오셨고요, 이제 곧 수술 시작할 거예요."

국소마취로 정신이 멀쩡한 내 머리맡에서 마취의사는 수술 진행 상황을 알려주었다.

"이제 수술 시작했어요."

낯설고 차가운 수술실에서 마취의사 덕분에 평정과 고요를 찾았다.

"아이와 산모 모두 정상이고요. 잘하고 계세요."

지난밤 걱정과 불안에 잠을 거의 자지 못한 나는 의사의 목소리에 스르르 눈이 감겼다.

"아이가 보여요."
"아이가 곧 나올 거예요. 잘하고 계세요."

응애 응애.

아이의 울음소리가 정적을 깼다. 간단한 처치 후 간호사가 아이를 보여줬고 몸이 묶여 있던 나는 얼굴을 아이 몸에 비볐다.

"엄마야."

신기하게도 아이는 잠깐 울음을 멈췄다. 짧았지만 아이의 온기가 좋았다. 간호사가 내 눈물을 닦아주었다. 아이가 간호사와 이동하는지 자동문 열리는 소리가 들렸고 아이의 울음소리는 점점 작아지더니 작은 점이 되어 사라졌다.

"이제 수술 부위 봉합하고 마무리할게요. 정말 잘했어요."

의사에게 고맙다고 말하고 싶었으나 입술이 잘 움직여지지 않았다. 갑자기 잠이 쏟아졌다.

♡ ♡ ♡

정의에게 젖을 물리고 나니 오후가 훌쩍 지났다. 정글이의 체온은 38.5도로 내려가 있었다. 허기가 들어 생각해보니 오늘 아무것도 먹지 못했다. 며칠 동안 장을 못 봐서 냉장고는 텅 비었고 밥통의 밥도 메말라 있을 것이다.

이 터널의 끝이 저기 있다고, 잘하고 있다고, 곧 끝난다고 그날의 의사처럼 말해줄 사람, 거기 누구 없소?

온 맘을
다하지 않을 것

정글이를 낳기 위해 시험관 실패를 반복하는 동안 휴직이 완료되었고 복직하는 대신 직장을 그만두었다. 사표와 함께 상실한 것은 월급뿐만이 아니었다. 서로의 일과를 공유하고 내 이름을 불러주던 동료들을 잃었다. 외로웠다.

'어떻게 얻은 아이인데….'

아이를 위해 잃는 것이 늘수록 아이에게 더 헌신했다. 내 온몸을 갈아 넣어 아이를 키우는 것. 그것이 나에게 와준 아이를 사랑하는 방법이라고 생각했다. 피곤해도 고깃국을 끓이고 빠듯한 살림살이에 예쁜 옷을 사 입혔다. 사랑받는 아이라는 것을 어린이집 선생님께, 다시는 만날 일 없는 타인에게 인정받고 싶었다. 아이를 위한 것이라면 생각 없이 샀고 쉽게 버렸다.

아이를 낳고 보니 세상은 위험한 것 천지였다. 모든 물건들의 모서리가 입체적으로 다가왔다. 의자 하나도 낭떠러지처럼 느껴졌다. 불안한 나는 아이 옆에서 시종일관 참견하고 말렸다.

"지지야, 지지! 더러워, 이리 나와!"
"위험해! 만지지 말라고 했어 안 했어!"

뒷감당할 체력이 안 되니 아이를 깔끔하고 안전하게 지키는 방법은 단 하나였다. 애초에 하지 못하게 하는 것. 놀이터의 모래, 물웅덩이 등 위험하거나 조금이라도 더러워 보이면 아이가 근처에 가지 못하게 막았다.

새로운 공간에 뛰어들어 더듬고 만져보고 싶었던 아이는 엄마의 '안돼'에 지쳐갔다. 24시간 내 생활이라고는 없이 아이 곁을 지키던 나는 정서적 육체적 갈증에 말라갔다. 매사 쉽게 짜증이 일었고 수동적으로 움직이는 남편과 수시로 부딪혔다.

　20대의 나는 쉽게 떠났다. 인도와 네팔, 남미를 떠돌며 여행자들과 쉽게 연대했다. 세상이 나를 축으로 삼고 자전하는 것 같았다. 생산적이고 효율적으로 시간을 보내야 한다는 강박에서 벗어나 여행지에서 단순하게 반복하는 하루가 좋았다. 잊고 지냈던 추억들이 낯선 기후와 언어를 만나 새롭게 떠오르곤 했다.

　첫 아이를 낳고 종일 기저귀를 갈고 모유를 짜내는 나에게 20대에 누렸던 자유분방함은 외계의 시간처럼 느껴질 만큼 낯설고 아득했다. 아이만 있으면 이전의 어떤 행복과도 비교할 수 없을 거라 생각했던 건 오만이었다. 게스트하우스 도미토리에서 쭈뼛쭈뼛 국적을 묻던 여행자들의 배낭 냄새가 그리웠다. 지네에 물리고 코브라와 싸워봤다는 히피들의 무용담을 다시 듣고 싶었다.

　'떠날 수 없으니 내 공간으로 히피 여행자들을 초대해보면 어떨까.'

　이런 생각은 점차 날개를 달았고 정글이가 첫 돌을 맞이할 무렵, 게스트하우스를 오픈했다. 다국적 숙박 플랫폼에 등록하니 전 세계 다양한 여행자들이 단양으로 찾아왔다. 나는 여행자들의 배낭 속 물건들과 그들이 들려주는 여정을 통해 간접적으로나마 낯선 여행지를 탐험했다. 여행자와 게스트하우스 주인장 그 중간 어디쯤에서 서성일 수 있었다.

그러나 행복도 잠시, 그해 단양의 추위는 꽤 혹독했고 여행자들은 자취를 감추었다. 속살을 드러낸 소백산은 스산하기까지 했다. 긴 겨울을 어떻게 보낼지 고심하다 여행을 떠나기로 결심했다. 여행은 육아를 병행하며 나의 시간과 취향을 지킬 수 있는 유일한 방법이었다. 여행자들이 품고 온 방랑의 열기가 나를 다시 낯선 궤도에 올려놓은 것이다. 아이와 떠날 용기도 함께.

첫 여행지는 치앙마이였다. 정글이는 너무 어렸기에 아무것도 기억하지 못한다. 하지만 내가 열대우림 속에서 하얀 치아를 드러내며 웃던 모습은 기억한다. 그렇게 매년 겨울마다 아이와 두 달이 넘는 긴 여행을 떠났다.

정글이와 나는 유럽에서도 본전을 뽑겠다며 성당과 박물관을 전전하지 않는다. 가장 편한 옷과 신발을 신고 가까운 놀이터나 도서관에서 서로 치대며 시간을 보낸다. 파란 눈의 놀이터 육아 동지들과 교대로 서로의 아이를 봐주었다. 나는 눈치껏 커피 한 잔 마실 시간을 확보해 육아의 숲에서 잠시 나와 쉴 수 있었고, 정글이는 나의 부재에도 경계를 허물며 자신만의 안전지대를 넓혀갔다. '엄마 고지혜'가 아닌 '여행자 고지혜'로 시간을 보내고 온 나는 아이의 더러워진 옷에도 의연해질 수 있었다.

정글이가 여섯 살이 된 지금도 여전히 남들만큼 못하면 어쩌나, 나 때문에 결정적 시기를 놓치는 것은 아닐까 마음이 조급해지곤 한다. 경험은 노련함과 익숙함을 주었지만 평정심은 가져다 주지 못했나 보다.

그러나 포커스를 나에게 맞추니 육아도 부부생활도 균형을 찾아갔다. 아이를 쫓아다니며 밥 한술 더 먹이는 것보다 나를 위해 커피를 탄다. 집안일은 잠시 미뤄두고 영어를 공부하고 낮잠을 잔다. 육아에 나를 갈아 넣는 대신 최소한의 육아로 나를 지키는 중이다. 육아 20년, 이 길 끝에서 성장하는 것은 아이뿐만은 아닐 것이다.

PART 2

엄마도 아이도 행복한
최소한의 육아

결국은 놀이터의
개미였어

아이는 내가 가만히 기다려주기만 하면
나뭇가지 하나에서
수만 가지의 놀이와 게임을 생각해낸다.

엄마랑 노는 게
제일 재밌어

"엄마는 새엄마 해. 난 신데렐라!"

"응, 설거지만 하고 갈게. 잠깐만 기다려."

"엄마, 빨리 와!"

"정글아, 엄마 화장실만 갔다가 갈게. 잠깐만!"

힘겨운 역할놀이 시작이다. 설거지가 끝났을 때 아이 혼자 놀다 잠들어 있는 기적을 기대해보지만 그런 일은 절대 일어나지 않는다. 책은 50권, 100권도 읽어줄 수 있는데 역할놀이는 한없이 소모적으로 느껴진다.

정글이는 좋아하는 유튜브를 보다가도 인형놀이를 하자고 하면 제 손으로 전원 버튼을 눌러 끄고, 병원놀이를 하자고 하면 콩밥의 콩을 제거하던 젓가락질을 멈출 정도다. '저렇게 좋아하는데 이것 하나 못해주나' 싶다가도 막상 놀이를 시작하면 1분을 넘기기 어렵다. 집안일을 해놓고 겨우 자리에 앉아도 방바닥의 머리카락이, 아이의 까만 손톱이, 아이의 치아 사이에 낀 김 조각만 눈에 띈다. 한가하다가도 아이의 '놀아줘' 한마디에 건조를 마친 빨래가 생각나고 갑자기 일주일에 한 번 쓸까말까 한 블로그 글이 쓰고 싶어진다.

남편도 예외 없다. 정글이의 채근에 남편은 허벅지에 휴대전화를 올려놓고 역할놀이를 시작했다. 한소리 하고 싶었지만 저렇게라도 놀아주는 게 어디야 싶어 참았다.

"힘들지?"

내가 던진 질문에 남편은 답이 없다. 이상하다 싶어 찬찬히 살펴보니 귀에 무선 이어폰이 꽂혀 있다. 화가 끓어올랐지만 참았다. 남편도 나도 역할놀이는 버겁고 그 시간을 '때우기'가 무척 힘들다.

문제는 하나 더 있다. 아이와 놀아줄 때면 부모로서의 욕심이 과해진다는 것이다. '이왕이면'이 불쑥불쑥 튀어나온다. 아이와 인형놀이를 하다가도, 같이 그림을 그리다가도 아이에게 영어 플래시 카드를 은근히 밀어 넣거나 과일가게 놀이를 하다 "사장님, 오이가 영어로 뭐예요?"라며 흐름을 깨곤 했다. 이럴 때면 흥이 잔뜩 올라 신나게 놀던 아이는 점차 말을 아끼더니 다시 유튜브 앞에 앉는다. 나는 '이 활동을 어떻게 준비했는데, 이건 꼭 알아야지!'라는 생각에 놀이를 통해 특정 지식을 주입하려 들었다. 결국 서로 다른 궤도를 향했던 탓에 나는 겉돌았고 아이는 못마땅해했다.

　다른 엄마들은 어떻게 놀아줄까, 이 역할놀이 늪을 어떻게 건너고 있나 싶어 다양한 영상과 책을 살펴봤다. 그중 《아이의 그릇》을 쓴 이정화 교수의 육아채널에서 답을 찾을 수 있었다.

　이 교수는 아이와 역할놀이를 할 때 가장 중요한 것은 아이가 한 말을 그대로 반복해주는 것이라고 했다. 아이가 자신의 언어로 무언가를 표현할 때 부모는 거울처럼 한 번 더 반영해주면 된다는 것이다.

아이: 이곳은 비밀의 성이야. 넌 들어오면 안 돼.

엄마: 난 들어가면 안 돼?

아이: 응, 왜냐하면 이곳엔 다섯 살 언니들만 들어갈 수 있거든. 너도 언니처럼 키가 커지고 쥬쥬 드레스를 입게 되면 이곳에 들어올 수 있어.

엄마: 알았어, 언니. 나도 언니처럼 키가 커지고 쥬쥬 드레스를 입게 될 때까지 기다릴게.

아이가 했던 말을 그저 따라서 했을 뿐인데 놀이의 주도권을 잡은 아이는 갑자기 분수처럼 말을 내뱉으며 설명하기 시작했다.

운동 강사들이 꼭 하는 말이 있다.

"정말 못 하겠다 싶을 때 한 번만 더 해보세요. 그만큼 체력이 늘어요."

역할놀이도 마찬가지였다. 예전에는 아이와 보내는 하루가 까마득하게 느껴졌는데 아이의 말을 그대로 따라 하고 호응해주니 놀이 시간이 순식간에 흘렀다. 게다가 아이

가 주도적으로 놀기 시작하자 여유롭게 커피를 마실 시간
도 생겼다.

엄마표 육아는 거창한 게 아니었다. '가르쳐야겠다'는 욕
심을 내려놓고 아이를 수평적 존재, 능동적 존재로 존중하
고 공감하자 몸도 편해지고 나에게 여유가 생기니 아이도
더 예뻐보였다. 놀이하는 시간은 특별한 지식을 배우는 시
간이 아니라 함께 웃으며 추억을 만드는 시간이라는 것을
깨닫자 아이도 나도 행복해졌다.

아이가 학교에서 친구와 다투거나 누구에게도 말할 수
없는 고민이 생겼을 때 가장 먼저 생각나는 사람이 나였으
면 좋겠다. 부모님이 걱정할까 봐, 혼날까 봐 이것저것 재느
라 아이 혼자 끙끙 앓지 않았으면 좋겠다. 축하받을 일이 생
겼을 때도, 마음이 바닥을 칠 때도 가장 먼저 나에게 알려줬
으면 좋겠다.

"엄마랑 노는 게 제일 재밌어!"

이른 봄 돗자리 위에서 시작한 역할놀이가 드디어 끝을

알렸다. 기분 좋게 놀고 난 나는 놀이터 그네를 몇 번 더 밀어줄 체력이 남아 있었다.

식당에서는 휴대전화 말고
가방 속에서 보물찾기

"엄마, 배고파! 밥 언제 나와?"
"엄마, 심심해!"

아이와 함께 식당에 갈 때면 긴장의 연속이다. 음식이 나올 때까지 배가 고프다고 큰 소리로 외치고 한시도 가만히 있으려 하지 않는다. 그런 아이를 달래고 어르다보면 엄마들은 끓어오르는 화를 참느라 입술이 부르틀 지경이 된다.

편하게 밥 먹으러 간 곳인데 누군가의 눈치를 보면서 아이에게 계속 주의를 주고 긴장해야 하는 상황이라니. 아이를 단속하느라 마음을 졸인 나를 기다리는 것은 차갑게 식어버린 찌개와 밥이다.

'집에서 있는 반찬에 간단히 끼니를 해결하면 돈도 아끼고 에너지 소모도 줄일 수 있을 텐데.'

늘 이런 푸념으로 외식이 끝나긴 하지만 우아한 음악이 나오는 식당에서 남이 차려주는 밥과 커피를 포기하긴 어렵다. 게다가 식당은 어른들에겐 익숙한 풍경이겠지만 아이에게는 색다른 경험을 선물한다. 아이들은 식당에서 사람들을 관찰하고 모방하며 전두엽에 굵은 주름을 만들어낸다. 음식이 나오길 기다리는 동안 옆 테이블 가족의 대화를 듣기도 하고 건너편 테이블의 아저씨가 건네준 사탕 한 알에 하루 종일 기분이 들뜨기도 한다.

이런 경험이 좋았던지 정글이는 밥을 먹다 뜬금없이 부여의 백반집에서 만난 할아버지 얘기를 하기도 하고, 제천의 떡갈비 식당에서 스쳤던 초등학생 오빠와의 추억을 꺼내놓기도 한다.

온 가족이 외식을 하기 위해 들어간 어느 어수선한 식당에서였다. 그날도 정글이가 큰 소리를 낼까, 이제 막 돌이 지난 정의가 울음을 터뜨릴까 긴장하며 주문한 음식이 나오길 기다렸다. 그러다 아이들의 시선을 끌 만한 게 있으려나 싶어 가방을 열었더니 마침 검은색 사인펜이 하나 있었다.

테이블마다 비치된 냅킨을 길게 찢어 한쪽 끝에 사인펜으로 점을 찍었다. 점 아랫부분을 컵에 넣어 물로 적시니 물이 냅킨을 타고 올라가면서 잉크가 번졌다. 정글이는 검은색 점이 여러 색깔로 나뉘며 번져 만들어낸 무지개를 보며 물개박수를 쳤다. 검은색 잉크 안에 이렇게 다양한 색이 들어 있다는 사실에 정글이는 신기해했고 나와 남편도 호기심 가득했던 초등학생으로 돌아간 듯 들떴다. 정글이는 냅킨에 직접 점을 찍거나 선을 그으며 한참을 신나게 놀았다.

정글이의 호기심이 끝을 보일 때쯤 나는 새로운 놀이를 제안했다. 아직 어린 정의를 제외하고 나와 남편, 그리고 정글이까지 셋이서 냅킨의 한쪽 모서리에 살짝 물을 묻혀 이마에 붙였다. 우리는 입김을 불어 손을 쓰지 않고 누가 빨리 떼어내나 내기했다. 단, 게임을 하면서 자리에서 일어나거나 입 밖으로 소리 내지 않기로 아이와 약속했다. '한 번 더'를 반복하다 보니 주문한 음식이 나왔다. 재미있게 논 아이는 웃음기 가득한 얼굴로 음식을 마주했다. 나와 남편도 기분 좋게 밥을 먹었다.

맛있게 식사를 한 후, 남편이 정의에게 이유식을 먹이는 동안 나는 정글이와 야바위 놀이를 했다. 야바위 놀이는 컵 세 개와 아이가 좋아하는 작은 장난감만 있으면 간단하게 할 수 있는 놀이다. 마침 물을 마시느라 사용한 종이컵이 있어 간단히 물기만 제거해 뒤집은 뒤, 컵 하나에 정글이가 가지고 다니는 공주 피규어를 넣었다. 컵을 재빨리 이리저리 이동시키며 정글이에게 물건이 든 컵을 찾아보게 했다. 정글이는 눈으로 연신 종이컵을 좇으며 꽤 긴 시간 몰입했다. 놀다 보니 아이도 나도 자꾸 목소리가 커지자 아이는 스스로 손가락을 입술에 갖다 대며 '쉿'을 반복했다. 새어나오는 웃음을 눌러 참는 모습이 너무나 사랑스러웠다.

식당에 가면 아이를 동반한 대부분의 가족들은 휴대전화로 평화로운 식사시간을 지켜내고 있다. 우리 가족도 그랬다. 심지어 정글이가 먼저 휴대전화를 달라고 한 것도 아니었다. 아이의 울음과 징징거림에 지레 겁먹은 내가 먼저 유튜브를 켜서 아이 눈앞에 꺼내놓았다. 그러면 잠시 동안 우리 가족은 유튜브가 만든 평화 속에서 우아하게 식사할 수 있었다. 하지만 매번 아이 손에 휴대전화를 쥐어줄 수는 없다. 식당에서만큼은 아이와 눈을 맞추고 즐겁게 음식이 나오길 기다리고 싶었다.

우리는 식당에 갈 때마다 사람들이 많이 모여 있는 공간에서는 조용히 해야 한다고, 아이가 식사예절을 배우고 스스로 얌전히 밥 먹는 순간이 올 때까지 수백 번 반복할 것이다. 늘 나의 조급함으로 아이를 단속하기 바빴지만 아이를 믿고 차근차근 설명하며 어른으로 대해주니 우려와 달리 말귀를 알아듣고 이해했다. 아이는 식당을 통해 적당한 긴장감을 경험하고 세상에는 다양한 형태의 가족이 존재함을 넌지시 알아갈 것이다. 그리고 가방 안에서 보물을 찾고 종이컵으로 유쾌한 시간을 보내며 음식을 기다리던 설렘도 기억할 것이다.

♡ ♡ ♡

정글이와 두 번째로 떠난 여행에서 우리는 말레이시아 페낭의 한 식당에 있었다. 화덕에서 갓 구워 버터를 바른 난(인도식 팬케이크)과 신선한 망고 라씨의 조합은 어느 식당에서든 실패가 없었다. 무더위라는 말로는 설명할 수 없는 더위 속에서도 아이는 싱그럽게 웃었다. 잠시 후, 갓 구운 버터 난이 테이블에 도착했고 한 입 베어 물려는 찰나, 잘 놀던 정글이가 갑자기 울음을 터뜨렸다.

나에게도 이 더위와 습도가 힘든데 아이에게는 더 벅찼겠구나 싶었다. 우는 아이를 달래는 동안 한적했던 식당은 사람들로 가득 찼다. 식당에 있는 모든 손님들이 우리를 보는 것 같아 등줄기에 땀이 흘렀다. 안아주어도 울음을 그칠 기미가 없고 아이는 뭐가 그리 서러운지 허리가 휠 정도로 악을 쓰며 흐느꼈다. 나는 쥐어짜듯이 아이가 좋아하는 노래를 부르기 시작했다.

반짝반짝 작은 별 아름답게 비치네

동쪽 하늘에서도, 서쪽 하늘에서도

반짝반짝 작은 별~

그때였다. 화덕 앞에서 밀가루 반죽으로 난을 굽던 인도인 직원이 노래를 불렀다.

그러자 테이블마다 각국의 언어로 노래가 흘러나오기 시작했다. 다양한 국적의 여행자들은 '전우애'에 휩싸여 서로에게 손가락으로 피스마크를 만들며 웃었다. 모두 유년 시절의 추억 한 조각을 음미하고 있는 듯했다. 하지만 영화와도 같은 장면을 마음 편히 바라볼 수 없는 한 사람이 있었다. 바로 나. 〈작은 별〉 노래가 식당에 울려퍼지자 내 심장도 쿵쾅쿵쾅 터질 듯 울렸다. 감정표현이 서툰 나는 테이블 밑으로 잠시 숨었다가 울음을 그친 정글이와 함께 행복이 넘실대는 식당을 나왔다.

♡ ♡ ♡

어느 날 정글이가 문방구 구석에서 쪼그려 앉아 스티커를 고르다 불쑥 이렇게 말했다.

"엄마! 우리 여행 갔을 때 먹었던 아보카도 샌드위치가 생각나서 이걸로 골랐어. 그때 엄마 진짜 행복해 보였어."

식당은 단순히 끼니를 해결하는 원초적인 공간이 아니다. 아이는 음식을 통해서 문화를 습득하고 음식의 색깔과 냄새로 하루를 기억하기도 한다. 길을 걷다 생선구이 냄새가 나면 아이는 태국 꼬리뻬의 에메랄드색 바다를 떠올리고, 내가 마시는 커피를 보며 치앙마이의 원시림을 기억해 낸다.

앞으로도 우리는 수많은 식당을 탐험할 것이고 각자 휴대전화를 보느라 얼굴을 떨구고 있지는 않을 것이다. 행복은 지금 여기서, 수시로 느끼고 흘려보내야 한다는 것을 아이는 자연스럽게 알아갈 것이다.

동요가 지겹다면
키즈보사

정글이가 세 살 무렵, 문득 가을의 제주가 보고 싶었다. 강제 마스크 시대에 여행을, 그것도 아이와 함께 간다면서 모두들 철이 없다고 했다. 나 하나 철없다고 아무도 신경쓰지 않는다는 것쯤은 나도 알고 있다. 정글이와 제주에서 한 달 살기를 강행했다.

가고 싶은 목적지들을 빨간 점으로 찍고 연결해보니 도저히 버스로 다닐 거리는 아니었다. 10분만 지나도 힘들다고 목마를 태워달라는 아이와 함께 말이다. 캐릭터 풍선껌으로 타결할 수 있는 거리는 길어야 5분이었다.

핸들을 놓은 지 오래라 운전을 잘할 수 있을지 두려웠지만 아이와 여행하려면 차를 빌려야 했다. 여름 성수기를 피한 덕분에 렌터카 비용은 그리 비싸지 않았다. 사실 나보다 단양에 혼자 남은 남편이 더 불안해했다.

어쨌든 나와 정글이는 제주도로 떠났다. 좌회전 신호를 못 읽어 뒤차의 경적소리로 움직였고 차선 변경을 못해 직진을 반복하며 몇 바퀴를 맴돌았다. 긴장한 탓에 손에 자꾸 땀이 차올라 허벅지에 비비곤 했다.

다행히 얼마 지나지 않아 예전의 운전 감각을 되찾았고 스무 살, 첫 자취방에서 가스레인지에 냄비 두 개를 동시에 올리고 요리했던 순간처럼 벅찼다.

여행자가 되어 가만히 타인의 일상을 염탐하는 제주에서의 시간은 모든 순간이 행복했다. 매끈한 카메라가 미안할 정도로 종일 비가 쏟아져도 좋았다. 내일도 여행자로 살 수 있으니까.

"엄마, 차 세워봐. 노을이 너무 예쁘다!"
"엄마, 차 세워봐. 갈대가 너무 예쁘다!"

최소한의 육아

아이는 내가 했던 말을 반복하며 차를 세워달라고 했다. 나란히 앉은 아이의 옷에서 달궈진 가을 햇살 냄새가 났다. 정글이는 나비처럼 이 꽃 저 꽃 옮겨 다니며 향기를 맡았다. 메마른 아스팔트 위에서 뒤척이는 지렁이를 덤불 속으로 넣어주기도 했다. 어릴 적 내가 곧잘 했던 행위들을 아이가 반복하고 있었다.

타인의 실수에 여유로 화답하는 여행자들 속에서 운전 실력이 꽤 늘었다. 운전에 여유가 생기면서 아이에게 음악도 들려주었다. 그런데 〈아기상어〉든 〈ABC송〉이든 10분 이상 듣기 힘들었다. 가을 제주에는 비틀즈, 스티비 원더가 어울리고 정태춘, 박은옥도 있는데 말이다.

아이가 백일이 지나고 돌이 지나면 이것도 하고 저것도 해야지. '엄마로서의 삶'과 '엄마가 아닌 나의 삶'을 병행할 수 있을 거라고 생각했다. 모든 것이 아이가 우선이고 하물며 물 한 잔도 아이의 온도가 먼저인 삶이지만 이런 가을날 운전하며 〈아기상어〉라니. 나의 정서적 갈증을 어떻게 풀어야 하나 싶었다.

단조로운 동요가 듣기 힘들었던 찰나, 유튜브 알고리즘으로 '키즈보사(Kids Bossa)'를 알게 되었다. 아이들에게 익숙한 키즈송은 물론 유명 아티스트 커버 곡과 영화, 뮤지컬 주제가 등이 끊임없이 흘러나온다. 게다가 아이들이 노래를 부르니 발음이 또박또박해서 가사도 정확하게 전달된다. 정글이에게 조심스럽게 들려주니 낯선 멜로디에 '저거 꺼'를 외치려고 숨을 들이켜다 멈춘다.

좋은 음악을 틀어놓으니 운전도 즐거웠다. 정글이의 반짝이는 머리칼에서도 바다 내음이 났다. 창문을 내려주니 아이가 까르르 웃었다. 한참을 더 달려 한적한 식당에 도착했다.

차분히 요리하는 주인장의 뒷모습이 보기 좋았다. 주인장의 부엌은 창밖으로 보이는 당근밭처럼 정갈했다. 하루에도 얼마나 분주히 마른걸레가 움직였는지 창틀에도, 구석의 스피커 위에도 먼지 하나 없었다. 주인장이 내놓은 음식은 제주의 햇살을 닮아 있었다.

밥을 다 먹고 정리하는데 주인장이 정글이에게 물었다.

"이름이 뭐야?"

"정글이에요."

"성이 정 씨예요."

내가 짧게 덧붙였다.

"다음에 또 오면 그 멋진 이름 불러줄게."

낡은 트레이닝복 차림의 내 모습에 현지인인 줄 알았는지 주인장은 우리가 다시 올 거라고 짐작하고 있었다. 참 기분 좋은 한 끼였다. 숙소로 돌아오는 길엔 제주의 노을과 함께 비틀즈 노래를 들었다.

여행하는 내내 키즈보사를 들었더니 '경로를 이탈하였습니다' 네비게이션 음성만 따라 하던 아이가 흥얼거리며 제법 따라 불렀다. 지금도 카페나 식당에서 비틀즈 음악이 들리면 아이는 제주를 떠올리며 양 볼이 순식간에 귤빛으로 물든다.

뒷정리 힘든 종이접기 말고
수건 접기

단조로운 일상이 만들어내는 쓰레기는 매일 산을 이룬다. 가끔 장을 본 건지, 쓰레기를 산 건지 모르겠다.

정글이가 손으로 무언가를 만들고 그리기 시작하면서 집에는 예쁜 쓰레기가 쌓이기 시작했다. 그 순간의 아이 체온과 생각을 기억하자고 모으자니 쓰레기에 파묻힐 지경이었고 버리자니 너무 아까웠다. 가뜩이나 좁은 집은 예술가(?)의 흔적으로 채워졌다. 처음에는 색연필로 그리더니 나중에는 테이프와 풀을 이용해 공간을 구성했고, 몇 해 지나니 글루건도 사용하기 시작했다. 글루건은 뜨거운 부분이

어딘지 알려주고 목장갑을 끼고 사용하면 그리 위험하지 않다. A4 한 묶음이 집을 얼마 만큼 쑥대밭으로 만들 수 있는지를 목도한 적도 있다.

어느 날 무게가 만만찮은 50리터 쓰레기를 나르며 '사람 한 명이 생을 마감할 때까지 버리는 쓰레기는 얼마나 될까?'라는 생각이 잠시 스쳤다.

정리를 마치고 방에 들어오니 정글이가 색종이로 종이 접기를 하고 있었다. 사인펜과 색연필을 이용해 그림을 그리고, 털실이나 나뭇조각을 붙여 작품을 만들기도 했다. 아이는 쉬지 않고 종이를 접었다. 눈을 깜빡이는 것도 잊은 채 손가락으로 끊임없이 에너지를 뿜어내고 있었다.

5분도 안 돼 크고 작은 색종이들로 방 안이 빼곡해졌다. 집에는 새 종이가 넘쳐났기에 아이는 굳이 울퉁불퉁 주름 잡힌 종이를 다시 쓰지 않았다.

"정글아, 종이는 어떻게 만들까?"

"…"

"종이는 나무로 만들어."

"진짜?"

"응. 나무를 베서 두꺼운 나무 껍데기는 없애고 잘게 부숴. 나무의 부드러운 부분에 약이랑 물을 넣고 반죽을 하지. 물기를 없애고 납작하게 펴서 말리면 종이가 되는 거야."

아이는 상상하지 못했던 이야기에 놀랐는지 눈을 반짝였다. 우리가 편리하게 종이를 사용할 때 자연과 보이지 않는 누군가의 희생이 강요된다는 것을 알려주고 싶었다. 새 종이를 꺼내드는 순간, 이것이 친환경적이고 지속 가능한 방법으로 만들어진 것인지, 물이나 공기를 오염시키지는 않는지 한 번쯤은 스스로 고민해보는 태도를 만들어주고 싶었다.

"그런데 우리가 종이를 이렇게 낭비하면 어떻게 될까?"
"…"
"나무를 또 베어야 하는 거지."

내 이야기에 아이는 깊은 생각에 빠져들었다.

"엄마가 재미있는 거 알려줄까?"

동남아를 여행할 때 숙소 침대에 놓여 있던 수건으로 만든 백조가 떠올랐다. 환영과 애정의 표시였던 그들의 손길과 새하얀 침구의 사각거림이 좋아 짐도 풀지 않고 한참 앉아 있기도 했다.

게스트하우스를 운영하는 덕에 집에 수건은 넘친다. 하얀 수건으로 립스틱을 지우거나 바닥에 흘린 떡볶이 국물을 닦아내는 손님이 종종 있다. 버리기 아까워 걸레로라도 쓸 요량으로 모아놨더니 제법 양이 많다.

한때 드라마 때문에 유행했던 양머리가 생각났다. 아이가 좋아하는 작은 핑크색 수건으로 양머리를 만들어 씌워주니 박수를 치며 좋아했다. 반으로 접고 또 접어서 팔과 다리를 만들고 노란 고무줄로 양쪽 귀를 만들어주니 귀여운 곰돌이가 되었다. 여러 장의 수건으로 반복해서 알려주니 아이도 곧잘 따라했다. 색종이로 작은 것만 만들다가 커다란 결과물이 나오자 아이의 성취감도 커지는 모양이었다. 반복해서 토끼와 치킨도 만들었다.

어느새 수건이 방을 가득 채웠지만 치울 것도 버릴 것도 없기에 길어지는 놀이에도 부담이 없었다. 방은 희미한 섬유유연제 향기로 가득 찼다. 수건으로 만든 곰돌이와 토끼, 학을 모아 농장을 만들고 아이와 역할놀이도 했다. 원색의 장난감과 금발 미녀로 하던 역할놀이를 자신이 직접 만든 수건 동물들로 하자 아이는 하고 싶은 말이 많아지는지 놀이가 끊임없이 이어졌다.

수건 동물들은 아이와 함께 욕조에 들어가 목욕 메이트 역할까지 수행하고 나서야 화려하게 전사했다. 정글이는 고무줄을 활용해 새로운 것도 만들어보고 물속에서 손발이 쪼글쪼글해질 때까지 놀더니 천사 같은 얼굴을 하고선 잠들었다.

"엄마, 오늘 어린이집에서 수건으로 토끼를 만들었어."
"어머! 정말?"
"응. 친구들이 나도 만들어줘, 나도 만들어줘 했어."

친구네 집, 어린이집 등 수건이 없는 공간은 없다. 수건으로 아이가 뚝딱뚝딱 토끼를 만들자 친구들이 호기심 가득한 눈으로 바라본 모양이다. 정글이는 친구들의 손수건으로 토끼를 한 마리씩 만들어 멋지게 선물했다.

　우리는 가장 친숙한 공간에서 가장 안전한 소재로 순식
간에 친구를 만들었고 정리할 것도 쓰레기도 나오지 않는
놀이에 마음이 편했다.

물감이 아니어도
괜찮아

정글이가 두 돌이 지났을 무렵, 여느 엄마들처럼 물감과 플레이 매트, 미술 가운을 산 나는 비장했다. 학교 다닐 때 시험 전날에 늘 벼락치기를 하던 나는 '엄마 역할'도 벼락치기다. 정글이에게 새로 사온 미술 가운을 입히고 제 몸집보다 커다란 매트 위로 들여보냈다.

하지만 딱 거기까지만 했어야 했다. 나는 SNS 속 아이처럼 아이가 조물조물 물감을 짜고 놀면서 활짝 웃어줄 거라 기대했건만. 왜 난 아이가 물감을 손으로만 짤 거라고 생각했을까? 애초에 플레이 매트는 아이에게 의미가 없었다. 아이는 손으로, 발로 물감을 짜기 시작했다. 물감은 멀찍이 밀어 두었던 이불에도 튀고 유리창도 온통 물감으로 얼룩졌다.

두고 볼 수 없었던 내가 한껏 흥이 오른 아이를 제지하려고 하자 작은 미간에 주름이 졌다. 마음껏 놀라고 물감도 쥐어주고 판을 깔아줬으면서 이제 와 막아서는 엄마가 이해되지 않는 듯 아이는 뾰로통한 입술로 바라보았다.

온 방이 물감 범벅이 되기까지 20분도 채 걸리지 않았다. 이렇게 된 거 오래 놀기라도 하지, 아이는 그만 놀고 싶다고 했다.

아이에게 빽 소리를 지르고 거친 손으로 가운을 벗겼다. 아이는 내 눈치를 보다가 처음에는 흐느끼는가 싶더니 목 놓아 울기 시작했다. 내 체력은 이미 바닥이라 플레이 매트를 잡고 울고 싶은 사람은 나였다.

오후 1시에 시작한 물감놀이는 20분 만에 끝났다. 아이를 씻기고 매트를 닦고 욕조에 이불을 담그고 유리창까지 닦고 나니 6시. 저녁도 준비해야 한다. 아이는 울다가 잠이 들어 있었다.

'난 왜 이것밖에 못할까.'

속상한 마음이 추슬러지지 않았다. 아이를 위해 돈과 시간을 썼지만 아이는 나를 원망하며 울다 잠들었다. 집에서 하는 미술놀이는 내 능력 밖이라는 한계를 받아들여야 했다. 무엇을 하든 덜 해도 되니까 마지막은 아이와 나 둘 다 웃으며 끝내는 것이 중요하다는 것을 깨달았다. 기분이 먼저였다.

집이 소백산을 마주하고 있어 자연을 좋아하게 됐는지, 자연을 좋아해서 이곳까지 왔는지는 모르겠다. 어쨌든 우리 가족은 날씨가 좋을 때면 돗자리 하나만 챙겨 집 앞으로 나가곤 한다. 잎사귀 큰 벚나무 그늘 아래서 정글이는 주로 그림을 그린다.

크레파스로 스케치북에 그림을 그리다가 요즘은 아이패드로 그림을 그린다. 집에 안 쓰는 아이패드가 있어 펜슬만 따로 사주었는데 스케치북에 그릴 때보다 수정이 쉽고 다양한 툴로 편하게 그림을 그릴 수 있어 좋다고 했다.

정글이가 그린 그림은 폴더를 따로 만들어 아이패드에 저장해두었다. 정글이는 예전에 그린 그림을 다시 꺼내보기도 하고 덧칠도 한다. 완성한 그림을 인쇄해줬더니 아직 한글을 모르는 정글이가 상형문자로 이야기를 담아냈다.

정글이는 그림을 그리면서 일상을 새로운 눈으로 좀 더 심도 있게 들여다보는 듯하다. 그림과 글의 공통점은 '관찰'이라는 행위를 먼저 한다는 것이다. 관찰한 이미지를 머릿속에 입력하고 다시 출력하는 과정에서 그림이나 글이 나오는 것이니까. 아이는 순간순간 느꼈던 감상과 소리, 질감 등을 자신만의 느낌으로 표현한다. 그러면 이제 그것은 진정한 아이의 것이 되는 것이다.

언젠간 인도 갠지스강에 아이와 같이 가고 싶다. 나는 글을 쓰고 정글이는 매캐한 연기 속 장례식을 그림으로 그렸으면 좋겠다. 지금 우리가 발 디디고 있는 곳이 이승인지 저승인지, 삶의 경계가 모호한 곳에서 손가락으로 능숙하게 탈리(thali, 큰 접시에 여러 음식을 담아 먹는 인도 요리)를 먹고 기름진 손을 바지에 쓱쓱 닦은 뒤 강가에서 늘어지게 한숨 잤으면 좋겠다.

놀이의
알고리즘

한정된 실내에서 인형들에게 생명을 불어넣는 역할놀이는 순식간에 1초를 억겁으로 바꿔놓는다. 열 번, 스무 번을 반복해도 시계는 고작 20여 분 지났을 뿐. 이럴 땐 상황을 타개할 묘책이 필요하다.

"정글아, 정의랑 같이 산에 갈까?"

맞다. 나의 묘책은 바로 '산'이다. 정글이는 내 제안에 공처럼 튀어 오르며 옷과 양말을 주워 입는다. 어떤 의지나 계획을 가지고 아이에게 산을 보여준 것은 아니었다. 나도 딱히 산을 좋아하지 않는다. 걸어서 10분이면 산으로 올라가는 입구에 도착할 수 있고 아이와 주말 내내 집에만 있는 게 답답해 산을 선택했을 뿐이다.

집을 나서기 전, 보온병 두 개에 정글이가 먹을 컵라면과 내 커피를 위한 뜨거운 물을 나눠 담는다. 정글이가 좋아하는 바비 인형과 색연필, 크레파스, 가위 등도 챙긴다.

발걸음마다 행복이 넘실대는 아이의 설렘을 보는 게 좋다. 몸이 가벼워진 정글이는 음악이 흘러나오면 아무데서나 춤을 춘다. 나도 그런 정글이의 흥에 매료되곤 한다. 해도 티가 안 나고 안하면 티가 나는 살림과 육아의 피로 속에서 등산은 아이에게도 나에게도 작은 일탈인지도 모르겠다.

집에서 천천히 걸어 산으로 향했다. 정글이가 앞서 걷고 돌 지난 정의는 내 등에서 산을 마주했다. 늦가을의 산은 핏빛이었다. 일정한 보폭으로 산으로 들어서자 태곳적 원시림의 향을 머금은 듯 공기도 다르고 각 나무마다 시차가 따로 있는 것은 아닌지 착각이 들 정도로 단풍이 물드는 속도도 제각각이었다.

평편한 곳을 찾아 돗자리를 깔고 컵라면에 뜨거운 물을 붓고 젓가락을 올렸다. 정글이와 정의, 그리고 나는 컵라면 위의 젓가락처럼 여백 없이 나란히 붙어 앉았다. 정글이는 능숙하게 컵라면의 뚜껑을 살살 뜯더니 반으로 접고 다시 한 번 더 접어 세모꼴로 만들었다. 아직 손가락에 힘이 없어 모양은 삐뚤빼뚤하지만 스스로 개인 접시를 만든 셈이다. 라면을 담아주니 후루룩 입술을 대고 마시듯 라면을 먹는다. 살짝 기름진 아이의 보드라운 입술이 사랑스럽다.

따듯하게 배를 채운 우리는 다시 오솔길에 섰다. 정글이는 떨어진 나뭇가지를 하나 줍더니 제 손에 맞게 다듬었다. 지팡이로 쓸 요량인가 보다. 나뭇가지 끝에 떨어진 낙엽을 켜켜이 끼우더니 성화 봉송이라며 달린다. 얼마 전 유치원에서 배운 올림픽과 성화가 생각난 모양이다.

이번에는 나뭇가지를 가랑이에 끼우더니 뒤에 서 있는 나에게도 한자리 차지하라며 내어준다. 여기서부터 기차놀이 시작이다.

걸어가는 동안 정글이는 특이한 모양의 낙엽을 발견했는지 가랑이 사이의 나뭇가지를 내려놓고 낙엽을 주워들었다. 한참 바라보다가 작은 구멍을 내더니 그 구멍으로 주위를 둘러보았다. 낙엽의 작은 동그라미를 통해 바라본 세상은 다르게 각색되어 아이의 머릿속에 각인될 것이다.

정글이에게 참나무 낙엽을 보여주며 잘 관찰한 후 닮은 나뭇잎을 찾아오게 했더니 금세 비슷한 크기와 모양의 나뭇잎을 찾아왔다. 아이는 낙엽찾기 놀이를 통해 세상에 똑같은 것은 존재할 수 없다는 것을, 똑같은 것은 없지만 비슷한 것은 찾을 수 있음을 배웠을 것이다. 수많은 종류의 나무가 있고, 또 각 나무들은 다른 색깔과 모양의 잎을 가지고 있다는 것도 알았을 것이다. 사람도 친구도 그렇다는 것을 넌지시 알려주었다.

단풍이 들기 시작한 낙엽을 주워 들어 준비한 가위로 조각조각 잘랐다. 정글이는 이제 10까지 셀 수 있어서 11개로 조각을 내보았다. 내 것도 따로 준비해 낙엽 퍼즐 맞추기를 했다. 퍼즐을 맞추는 동안 아이는 나뭇잎의 앞면과 뒷면이 다르다는 것을, 잎맥과 잎자루의 역할을 이해했다.

그러다 정글이는 갑자기 나뭇가지 두 개를 주워오더니 칼싸움을 하자고 했다. 바닥은 떨어진 나뭇가지와 낙엽 천지였다. 모든 것이 멈춘 듯한 공간에서 뭉툭한 두 개의 나뭇가지가 허공에서 부딪혔다. 정글이는 솔방울, 이끼, 버섯,

뾰족뾰족한 나뭇잎, 둥글둥글한 나뭇잎 등을 아주 천천히 둘러봤다. 거미와 눈이 마주치기도 하고 빠르게 뛰어가는 다람쥐를 보고 깜짝 놀라 나를 부르기도 했다. 산에는 장난감이 없어도 하루 종일 놀 수 있는 것들이 넘쳐났다.

한참을 놀다 돗자리를 다시 펴고 정글이는 남은 초콜릿으로, 나는 달콤한 인스턴트커피로 시간을 채웠다. 정글이는 가방에서 꺼낸 바비 인형과 나뭇잎으로 만든 도시락을 나눠 먹고 나는 정의를 안고 책을 읽었다. 그러다 우리는 천천히 산을 바라봤다. 시간에 색이 있다면 오늘은 팔레트에 갓 짜낸 붉은색일 것이다.

이국적인 사막이 드넓게 펼쳐져 있어 한국 여행자들이 베트남을 여행할 때면 한 번쯤은 들린다는 남부의 무이네에 정글이와 간 적이 있다. 그곳은 크게 붉은 사막과 하얀 사막으로 나뉘어 있다. 주먹 가득 모래를 쥐자마자 손가락 사이로 빠져나가는 느낌이 좋았는지 정글이는 기저귀 바람으로 사막에 빠져들었다.

저 멀리 익숙한 한국말이 들렸다.

"아까 저기는 하얀색이니까 화이트 샌드였지? 그럼 여기 붉은 사막은 무슨 샌드겠어?"

"…"

"봐봐. 저기는 화이트 샌드야. 그럼 여기는 무슨 샌드야?"

"…"

한국에서 온 엄마는 아이에게 영단어를 알려주기 위해 열의를 다하고 있었다. 이 시간을 통해서 아이가 좀 더 많이 경험하고 배우며 한 단계 성숙하기를 바라는 건 큰맘 먹고 떠나온 모든 엄마의 마음일 것이다. 어느 순간부터 뜨겁게 유행했던 한 달 살기도 그런 부모의 마음에서 출발한 흐름이지 않았을까.

나이를 먹으며 성과 없는 행동을 하는 게 줄었다. 취미를 배우기 전에, 사람을 만나기 전에 그것이 나에게 어떤 보상을 줄까를 먼저 생각했다. 개량된 수치나 효과로 나에게 보상이 될 일만 시작하고 싶었다. 아이와 잠깐 나들이를 할 때조차 의미와 효율을 따지려 들었고 더 많이 챙기고 더 많이 보여주려고 했다. 그러나 아이는 내가 가만히 기다려주기만 하면 나뭇가지 하나에서 수만 가지의 놀이와 게임을 생각해냈다.

집에 돌아와 젓가락과 보온병을 차례대로 싱크대에 넣고 읽다 만 책을 꺼냈다. 읽던 페이지를 펼치자 솔가지 하나가 툭 떨어졌다. 물건들은 각자의 서사를 품고 일상에 착실하게 무게를 더한다. 훗날 정글이가 바쁜 하루를 보내고 혼자 컵라면을 마주하다 모든 것이 느리게 흘러가던 오늘의 산을 떠올렸으면 좋겠다.

네가 가장
행복한 순간은

태국 꼬리삐 여행을 마치고 말레이시아 쿠알라룸푸르로 가기 위해 다시 랑카위 섬으로 돌아온 참이었다. 꼬리삐에서 랑카위 섬은 배로 한 시간이면 도착하는 곳이지만 엄연히 국경을 넘는 일이다. 꼼꼼한 출입국 심사와 세관 신고가 이루어졌다. 습도와 열기로 가득한 대기실은 의자는 물론 바닥까지 여행자들로 포화상태였다. 태국과 말레이시아 어디에 도착하든 우리는 외국인이기에 출입국 처리에 시간이 꽤 걸렸다.

오후 2시. 랑카위 섬의 출입국 관리소에는 바리게이트가 쳐져 있었고 제복을 입은 직원은 자세한 설명 없이 그저 기다리라고만 했다. 어차피 자세히 설명해도 나의 영어 실력으로는 다 알아듣기 힘들었고 기다려야 한다는 사실은 변함이 없기에 포기했다. 바람만 불어도 뺨이 익을 것 같은 날, 그늘이라고는 찾아볼 수 없었고 멀리 보이는 작은 파라솔 밑은 이미 사람들로 빼곡했다. 팔을 훑어내니 하얀 소금 결정이 묻어나왔다. 두 살 정글이는 내 품 안에서 더위에 지쳐 잠들었다.

4시. 태국에서 출발한 여객선은 다시 한 번 사람들과 배낭들을 뱉어냈다. 엉덩이를 붙일 공간이라도 차지했음에 감사했다. 사람들의 인내심이 임계점에 다다랐을 무렵, 사무실 문이 열렸고 짐을 챙기며 몸을 추슬렀다. 다시 기다림이 시작되었고 아이를 목에 태워 억겁의 시간을 보내고서야 그곳을 빠져나왔다.

5시. 우연히 맹그로브 숲에서 만난 히피 여행자가 '이곳 노을이 정말 예쁘다'고 했던 말이 떠올랐다. 한적한 해변에서 아름다운 노을을 바라보고 싶었다. 아이는 해변에 풀어 놓고 시원한 맥주를 들이켜고 싶었다. 아이와 24시간을 붙어 있는 둘만의 장기여행은 그리 낭만적이지 않았다. 그래도 아이와 함께 여행을 해낸 나를 대견해하며 잠시 정서적인 갈증을 해소하고 싶었다.

택시를 부르려면 와이파이가 필요한데 도저히 찾을 수가 없었다. 기다림을 참다 못한 아이가 울어 젖히는 바람에 선착장을 도망치듯 나왔더니 주위에 아무것도 보이지 않았다. 미리 다운받아둔 구글 지도를 켜니 시내와 반대 방향에 있었다. 숙소도 예약이 안 되어 있다는 것을 그제야 알아챘다. 마음이 급했지만 다행히 태양은 아직 머리 위에 있었다.

구글 지도에 의지해 해변을 향해 걸었다. 무등을 태운 정글이가 갑자기 더 묵직해졌다. 우왕좌왕하는 동안 어깨 위에서 잠든 모양이었다. 전의를 상실한 아이와 배낭의 무게가 더해져 어깨가 무너져 내릴 것 같았다. 아이를 내려 걷게 하고 싶었지만 불러도 대답이 없다. 깊게 잠든 모양이었다.

사위는 점점 어두워지기 시작했다. 노을 감상은 물 건너 갔고 정글이를 어디 좀 앉히고 싶었다. 감성 공간이었던 초록의 밀림은 짙어지는 어둠 속에서 불안과 두려움의 공간으로 변했다. 간신히 떠다니는 와이파이 신호를 잡아 숙소를 예약하고 택시를 불렀다.

9시. 숙소에 도착해서 겨우 긴장을 풀 수 있었다. 숙소는 랑카위 공항 근처에 있는 판잣집이 얼기설기 얽힌 형태의 공간이었다. 들쑥날쑥한 비행시간으로 24시간 오가는 여행자들을 위해 가로등이 밝았다.

겨우 양치를 끝내고 침대 위로 기어가 누웠다. 하루를 꽉 채운 일정으로 몸도 마음도 쉼이 필요했다. 정글이도 그래줬으면 더없이 좋겠지만 내 어깨 위에서 쪽잠을 자면서 에너지를 충전했는지 쌩쌩했다.

"엄마, 잠깐 나가도 돼?"
"왜?"
"잠깐만⋯."

버텨봐야 소용없다는 것을 잘 알고 있었다. 결국 밖에 나가야 이 대화가 끝날 것이라는 걸 말이다.

아이가 총총걸음으로 뛰어간 곳은 동네 놀이터였다. 부

최소한의 육아

식이 일어나 놀이기구 곳곳에 페인트가 벗겨져 있고 오랜 시간 방치되었던지 철근이 군데군데 튀어나와 자칫 다치기라도 하면 파상풍에 걸릴 듯했다.

무거운 몸으로 숙소를 찾는 데 혈안이 되었던 내 곁에서 아이는 제법 놀이터 구색을 갖추고 있는 이곳을 눈여겨보았나 보다. 생각해보니 이번 여행 중에 놀이터에 온 것은 실로 오랜만이었다.

아이는 그네를 타다가 발밑을 한참 내려다보았다. 아이의 시선을 좇아보니 작은 개미들이 떼 지어 움직이고 있었다. 아이는 과자 부스러기를 개미 떼 옆에 두고선 천천히 그 행렬을 지켜보았다. 누군가가 버리고 간 플라스틱 컵에 모래를 담아 희미한 가로등 밑에서 개미들과 한참을 놀았다.

엉거주춤 앉아 그만 가자며 아이를 재촉했다. 피곤은 삽시간에 내 몸을 잠식했고 인내심이 끓는점에 달했다. 내일 아침 9시에 쿠알라룸푸르행 비행기를 타야 했다. 반바지 아래 무방비로 드러난 다리를 모기들이 쉴 새 없이 공격했다. 쪼그려 앉아서 놀던 아이는 이제 아예 엉덩이를 붙이고 풀썩 주저앉았다. 아이의 온몸이 모래투성이였다.

에라 모르겠다. 될 대로 되라 싶어 나도 아이 옆에 주저

앉았다. 힐끔거리며 눈치를 보던 아이는 주저앉은 나를 보더니 까르르 웃었다. 해변에서 알려준 대로 아이는 손 위로 모래 동굴을 만들더니 노래를 부르기 시작했다.

두껍아 두껍아 헌 집 줄게 새 집 다오

이 여행의 목적은 하나였다.

'아이를 행복하게 해주는 것'.

1년에 한 번 찾아오는 게스트하우스 성수기를 놓칠 수 없기 때문에 아이의 친구들이 워터파크와 바다로 휴가를 떠나는 여름에는 휴가를 갈 수가 없다. 나는 매일 수많은 여행자들을 맞느라 긴장 상태였고 방음 약한 집에서 아이는 숨죽여 울며 바쁜 엄마의 눈길을 기다렸다. 매년 우울한 여름을 보내는 아이에게 늦게나마 여름휴가를 선물하고 싶었다. 그리고 이왕 여행온 김에 아시아 최대 나비 생태관을 보여주고 싶었다. 안타깝게도 생경한 곳에서 잦은 설사까지 더해져 아이는 지쳤고 기름기 많은 볶음밥에도 질린 듯했다. 여행 와서 아이가 가장 좋아했던 것은 타는 듯 붉은 노을도 아니었고 수천 마리의 나비가 선사하는 군무도 아니었다.

그저 발밑에서 느리게 지나가는 개미 떼 행렬이었다.

사실 엄마 혼자 항해하는 여행이라 휴대전화 의존도가 높았다. 앱으로 어두워지기 전에 숙소를 예약하고, 구글맵으로 길을 찾고, 숙소에 도착해서는 아이와 함께 갈 만한 곳을 찾느라 휴대전화에서 한시도 눈을 뗄 수 없을 때가 많았다. 아이는 엄마의 따뜻한 시선을 기다렸으나 나는 누가 시키지도 않은 촘촘한 일정을 진두지휘하다가 잠들어버리곤 했다. 분명 아이를 위해 떠난 여행이었으나 정작 아이는 외로웠다는 것을 낡은 놀이터에서 깨달았다.

2

길 위에서
우리가 배운 것들

어느 날 어른이 된 정글이가
"엄마 뭐해? 오늘 안주가 좋아서 혼자 술 한잔하다가
엄마 생각이 났지 뭐야?" 하고 전화를 한다면
아마 그날 밤 너무 행복해서 눈물이 날지도 모르겠다.

어린이집 등원길은
여행길

    욕이 나올만큼 힘들다는 아이의 18개월, 마흔이 다 된 나는 가정 보육의 나락으로 떨어지는 느낌이었다. 정글이는 싱크대를 열어 그릇을 밖으로 꺼내고 게스트하우스 객실을 돌아다니며 화장지를 풀어헤치기도 했다.

    어느 날엔 게스트하우스 손님들의 체크인 시간은 다가오는데 객실 청소는커녕 아이 저지레로 발 디딜 틈이 없었다. 게스트하우스를 운영하는 데 있어 청소는 생계의 문제다. 나를 쫓아다니며 함께 놀기 원하는 아이에게 휴대전화를 쥐어주었다. 손님들은 머리카락 한 올, 얼룩 하나 허락하지 않았고 나의 느슨한 틈은 고객 리뷰로 돌아오곤 했다. 시간에 쫓기며 무거운 영업용 청소기를 들고 계단을 오르내렸더니 팔에 감각이 없었다. 그제야 휴대전화를 보고 있는 아이가 눈에 들어왔다. 미동도 하지 않고 작은 원색 창에 빠져 있었다.

"정글아, 놀이터 갈까?"
"아니."

아이의 대답에 속상한 척했지만 시큰한 땀 냄새로 범벅된 채 속으로 환호했다. 청소를 다 끝내고 나는 아이 옆에서 깊이 잠들어버렸고 아이는 몇 시간을 더 알고리즘의 세계에 빠져들었다. 자책과 미안함이 수없이 파고들었지만 다음 날도 그 다음 날도 우리의 일과는 별반 다르지 않았다. 게스트하우스는 우리의 밥그릇이었고 초등학교에 입학하지 전까지는 아이를 옆에 두고 싶었다.

정글이가 세 살이 되었을 즈음에 남편은 어린이집에 보내는 게 어떻겠냐고 제안했다.

"아직 말도 잘 못하는 아이를?"

나는 정색했다. 사실 아이가 말이 느린 이유를 우리는 이미 알고 있었는지도 모르겠다. 다만 직면할 자신이 없어 회피하고 있었을 뿐. 엄마가 청소를 하는 동안 유튜브만 보는 아이, 손님이 오면 응대하느라 다시 유튜브 앞에 앉아야 하는 아이는 엄마랑 놀다가도 쉽게 유튜브를 찾았다. 출근하지 않아서 아이 옆에 있어줄 수 있었지만 가장 달콤한 위장으로 아이를 방임했다. 인공수정과 시험관으로 어렵게 낳은 아이를 결국 어린이집에 밀어 넣었다. 나는 아이 하나 감당하지 못하는 엄마라는 사실을 인정해야 했다.

어린이집에 다니기 시작하면서 아이는 콧물과 기침을 달고 살았고 아침마다 노란 가방을 거부하며 울었다.

"어머니, 어린이집 차량을 이용해보시는 건 어떠세요?"

차에 타야 한다는 약간의 강제성을 느끼기 때문에 아침에 어린이집에 보내기가 좀 더 수월하지 않겠냐는 선생님의 제안이었다. 나는 그때까지 도보로 아이를 등원시키고 있었다. 태어나자마자 차에서 차로 움직이는 일상에서 어린이집마저 차량으로 이동한다는 것이 건조하게 느껴졌기 때문이다. 도보 등원은 육아를 타인에게 맡기는 것을 합리화하고 싶었던 나의 마지막 자존심이었다. 어차피 학교에 들어가면 타인과 조율하며 생활해야 하고 하기 싫어도 해야 하는 것 투성이인데 그전까지만이라도 아이가 하고 싶은 대로 하게 해주고 싶었다.

어린이집의 요일별 프로그램과 식단을 충분히 인지한 후 매일 아침 아이에게 설명해주고 어린이집을 갈지 말지 선택할 수 있게 해주었다. 어린이집에 갔을 때 얻게 되는 것들, 집에 남았을 때 엄마와 함께할 수 있는 것들과 포기해야 하는 것들, 게스트하우스 예약 현황과 엄마가 손님을 응대하고 청소를 할 동안 얼마나 기다려야 하는지도 자세히 알려주었다. 처음에 아이는 이해하기 어려워했지만 자신의 선택에 따라 다르게 펼쳐지는 하루하루를 직접 겪어보면서 선택과 책임의 근육이 조금씩 단단해지는 게 보였다.

아이는 어린이집에서 정해진 시간에 밥과 간식을 먹고 낮잠을 잔다. 자신의 예상대로 하루가 흘러가자 신뢰와 안정을 찾아가는 듯했다. 소심하고 겁이 많은 아이가 새로운 책보다는 이미 결론을 다 아는 책을 더 좋아하는 것과 맥락이 같았다. 식판에 밥을 먹는 식습관이 잡혀 집에서도 혼자 식판을 비웠다. 어린이집에서 바깥놀이와 역할놀이를 하며 친구들과 에너지를 발산하고 오니 엄마를 덜 찾았다.

아이를 어린이집에 보내고 게스트하우스에 홀로 남은 나는 빅뱅 노래를 들으며 객실 청소를 하고 차분하게 손님을 맞았다. 손님이 없는 날은 커피숍과 도서관에서 글을 쓰고 읽었다. 양껏 에너지를 충전하고 읽다 만 책과 텀블러를 넣은 책가방을 메고 아이의 하원을 준비했다. 점차 짜증이 줄었고 저녁 반찬 가짓수도 늘었다. 어린이집에서 재미있게 놀다 온 아이는 책 한 권을 다 읽어주기도 전에 잠들었다. 눈물로 자책하다 잠들었던 어수선한 밤들이 점차 과거가 되었다.

"정글아, 오늘 발레 하는 날인데 어린이집 갈래? 간식으로는 정글이가 좋아하는 딸기랑 우유가 나오고, 점심에는 미역국이랑 고사리가 나온대. 엄마도 고사리 좋아하는데 엄마도 어린이집에 가고 싶다."

"응, 갈래. 갈래!"

그 마음이 사라질까 서둘러 나왔다. 아이는 어린이집으로 가면서 빛바랜 담장의 강아지풀을 매만지기도 하고 냉이도 어루만졌다. 등원길에 매일 만나는 어르신이 같은 자리에서 같은 손으로 아이의 머리를 쓰다듬어주셨다.

들꽃으로 꽃다발을 만들고 시계꽃으로 왕관을 만들어 아이 머리에 씌워줬다. 진달래, 아카시아 꽃을 차례대로 먹고 나니 쑥도 웃자라 쇠어 있었다. 찔레나무 순을 잘라 질겅질겅 씹어 먹고 사르비아 꿀을 빨아 먹었더니 1년이 흘러가고 있었다. 아이는 쉬지 않고 뛰어다니다가 냇가에 첨벙첨벙 들어가더니 수풀에도 들어갔다 나왔다. 비 오는 날은 장화를 신고 한참을 뛰어놀다 벌레 모양의 젤리를 나눠 먹기도 했다. '빨리빨리', '얼른얼른' 재촉하며 거칠게 아이의 손목을 잡고 뛰었을 때보다 정확히 5분 늦었다. 아이와 나는 이 길에서 사계절을 맞이하며 매일 여행을 한다.

너로 인해
겸손해지는 날들

자려고 누워 달빛에 반사된 아이의 목덜미 솜털을 찬찬
히 바라보았다. 앞으로 몇 년이나 아이가 제 옆을 내어줄까
싶었다. 눈 뜨고 일어나면 어제가 되어버리는 오늘이 아까
워 아이 볼에 내 볼을 비볐더니 갑자기 아이가 묻는다.

"엄마! 그 언니는 지금 뭐하고 있을까?"
"누구?"
"그 언니 말이야. 주전자 들고 있던…."

20년 전, 혼자 떠났던 전라남도 여행 중 하룻밤 신세질 요량으로 작은 절을 찾았다. 절 뒤편으로는 암벽이 절경을 이루는 달마산이 있고, 손때 묻은 툇마루에 오르면 발밑으로 남해가 펼쳐졌다. 저녁 공양을 알리는 목탁 소리가 도량을 채우면 타오르는 노을에 공양주 보살의 볼도 붉은빛으로 물들었다. 새벽이면 깊이를 알 수 없는 안개가 침잠하는 대웅전을 싣고 인도의 어느 원시림으로 이동할 것만 같았다.

　　그렇게 절에 머무는 시간은 하룻밤이 일주일이 되었고 일주일은 한 달이 되었다. 결국 나는 공양 보살이 되어 매일 쌀을 씻고 국을 안쳤다. 그렇게 20대의 한 토막을 채웠다.

　　그 시간이 불현듯 그리워 세 살된 정글이를 안고 기차와 택시를 번갈아 갈아타고서 땅끝을 찾았다. 창밖을 가로막던 단양의 산들은 어느새 끝을 알 수 없는 논과 밭으로 바뀌어 있었다. 어지간히 남쪽으로 내려온 모양이다.

　　모든 것은 그대로였다. 마당 한쪽을 물들이던 동백들이 속절없이 피어 계절을 알리고 있었고, 제 명을 다한 몇 송이는 붉은 선혈을 흘리며 목을 떨구고 있었다. 사람들은 내가 찾지 않은 딱 그 시간만큼 부처님 품 안에서 나이를 채우고

최소한의 육아

있었다. 손때 묻은 툇마루도 햇살에 반사되어 반질거렸다. 호들갑스러운 인사는 없었지만 아침에 방문을 열고 나가 저녁에 같은 문으로 들어오는 막냇동생을 맞아주는 듯했다.

익숙한 얼굴 몇몇과 근처 칼국숫집을 찾았다. 반복되는 파도 소리와 현기증 날 정도로 파란 하늘 밑에서 기분 좋은 잠이 쏟아졌다. 잿빛 법복을 입은 사람들로 둘러싸인 정글이는 혼란스러운 모양이었다. 식사를 기다리는 동안 약속이나 한 듯 모두 손목의 염주를 꺼내 돌렸다.

공간을 채우는 것은 쉼 없이 움직이는 염주들의 마찰음, 칼국수 끓는 소리, 옷에 밴 향냄새뿐. 깊어가는 어른들의 침묵에 심드렁해진 아이는 비슷한 또래로 보이는 칼국숫집 딸과 눈빛을 주고받더니 밖으로 총총 걸어 나갔다. 어지간히 심심했던 모양이다.

식사를 끝내고 아이를 찾으러 나가보았다. 겨울 햇살에 일렁이는 바다의 윤슬이 눈부셔 잠깐 눈을 감았다. 감은 눈 위로 햇살이 제 그림자를 만들었다.

텅 빈 콘크리트 주차장에서 아이들은 분주했다. 사방놀이를 하고 있었는데 정글이는 놀이 규칙을 이해하기엔 어렸다. 가까이 가보니 칼국숫집 아이가 주전자에 물을 채워

물줄기로 선을 그리고 있었다. 남해의 겨울 햇살은 금방 선을 지워버렸고 아이는 주전자로 다시 선과 숫자를 만들곤 했다. 주둥이가 뚜껑으로 덮여 있는, 아이가 들기에 제법 큰 주전자였는데 바삐 움직여서인지, 오랜만에 만난 사람이 반가워서인지 아이의 볼이 빨갛게 물들어 있었다. 정글이도 덩달아 신나서 양 볼이 동백빛이었다.

깨금발로 위태롭게 올라간 정글이의 한쪽 발은 균형을 잡지 못해 땅 위에 떨어지기를 반복했다. 발이 떨어질 때마다 아이들은 까르르 웃어댔다.

'그래, 심심해도 괜찮구나. 왜 엄마는 너의 심심한 틈이 불안하고 조급했을까.'

내가 초등학교에 다닐 때는 친구들과 학교까지 30분이 넘는 거리를 걸어 다녔다. 작은 시골 학교였지만 학생은 넘쳤다. 학교가 끝나고 집으로 가는 길엔 아이들로 빼곡했다. 집으로 가며 허기를 달래려 쫀드기를 사 먹기도 하고 들녘에 핀 클로버꽃을 꺾어 시계와 반지를 만들었다.

나는 대문을 들어서며 '엄마'를 부르곤 했다. '응' 대답이 들리면 가슴이 벅찼다. 엄마는 마당을 쓸거나 가마솥에 불을 지피고 있는 날도 있었다. 엄마의 존재만으로 뜨겁고 행복했다. 그 마음을 알아채셨던 걸까 엄마는 나를 안아주었다. 엄마 몸에서는 희미한 땀 냄새와 먼지 냄새가 났지만 신기하게도 끈적이지 않고 달콤했다.

그때를 생각해보면 어린 내가 부모에게 바랐던 것은 아주 작은 것이었는데 막상 내가 부모가 되니 그 마음을 자꾸 까먹는다.

두 아이의 머리카락이 바닷바람에 일렁였다. 외딴 마을의 외딴 식당, 또래 친구가 그리웠을 아이의 시간이 짐작되어 잠깐 숨을 멈췄다. 사찰 승합차로 다 함께 칼국숫집으로 왔기에 놀이를 끝내고 같이 움직여야 했다. 게다가 사찰에서 큰 행사를 준비 중이라 분주한 시기여서 아이들의 놀이가 끝나길 기다려줄 여유가 없었다.

금방이라도 울음이 터질 것 같은 정글이를 설득해 차에 태웠다. 칼국숫집 아이는 이런 이별에 익숙한지 금방 체념하는 듯했지만 못내 섭섭했는지 미간 사이가 좁아졌다.

다들 승합차에 앉아 우리의 서툰 이별을 기다리고 있었다. 진짜 가야 할 시간이었다. 정글이는 창문을 두고 언니를 향해 손을 흔들었다. 그사이 함께 뛰놀던 주차장의 사방놀이는 흔적 없이 사라져버렸다. 가슴까지 오는 머리카락을 양 갈래로 묶은 아이는 주전자를 들고 우리를 향해 손을 흔들었다. 아이 뒤로 바다가 쉼 없이 넘실대고 있었다.

동백꽃이 핀다는 소식이 들리면 언제나 타버린 향냄새와 함께 그 아이가 생각이 난다.

값비싼 조식 대신
내가 얻은 것

천천히 자판을 두드리며 글을 쓰던 내 시선을 가로막은 한 호텔 광고가 이번 여행의 시작이었다. 널찍한 수영장과 화려한 호텔보다 조식에 시선을 빼앗겼다. 이렇게 종류가 많았나 싶은 치즈들이 도열을 이루고 기다란 모자를 쓴 인심 좋아 보이는 아저씨가 즉석에서 오믈렛을 만들고 있었다. 그 호텔은 말레이시아 최북단 랑카위 섬에 있었다.

마음속 깊은 곳에서 '가자, 가자!' 소리가 울려퍼졌다. 수많은 언어가 쏟아지는 차가운 대리석 바닥이 매혹적으로 다가왔다. 무엇인가를 하자고 마음을 먹으면 그래야 할 갖가지 이유가 순식간에 떠올랐다.

　1박에 15만 원. 역시 생각만큼 비쌌다. 조식은 나와 정글이를 합쳐 5만 원이어서 추가 결제를 했다. 해당 일자에 할인행사는 없는지, 특별 이벤트 시간대는 없는지 거듭 확인하고선 예약을 마쳤다.

　정글이와 나를 감싸던 습기와 열기가 호텔 안으로 들어가자 금방 식었다. 낡은 운동화와 티셔츠가 수트 차림의 상대방 앞에서 초라해 보였다. 내 운동화는 긴 여행을 견디지 못하고 비루한 내장을 드러냈다. 신발 가게를 수없이 많이 스쳤지만 나를 위해 멈출 시간도 돈도 아까웠다.

　몇 가지 주의 사항과 조식 시간을 확인했다. 아침 7시부터 10시였다. 조식 바우처를 챙겨 모래알이 가득한 지갑 안으로 천천히 밀어 넣었다.

　아침의 긴 햇살이 사그락거리는 호텔 이불 안으로 깊숙이 들어왔다. 시계를 보니 이미 아침 9시를 지나고 있었다. 지난밤 아이를 재우고 혼자 홀짝거린 맥주가 문제였다. 아이를 거칠게 흔들어 깨우고 욕실로 들어갔다. 세수를 하고 나오니 아이는 아직 침대에서 자고 있었다.

"정글아, 일어나라고! 얼마짜리 조식인 줄 알아?"

　내 목소리가 너무 컸나? 아이는 잠에서 깨자마자 울기 시작했다. 이미 9시 반. 내가 뭘 잘못했는지 모르지만 최대한 목소리를 낮춰 아이에게 미안하다고 했다. 아이는 무엇이 서러웠는지 울음 끝이 길다. 이럴 땐 목마를 태우고 냅다 뛰는 방법밖에 없다. 화려한 조식을 보면 아이도 화가 풀릴 것이다.

　설명할 시간이 없었다. 곧 조식 마감시간이었다. 어떻게 예약한 건데! 득달같이 달려가서 본전을 뽑아야 했다. 우는 아이의 양 다리를 내 어깨에 걸치고 일어나려는 순간, 아이가 팔다리를 힘차게 흔들었다. 방심했던 터라 아이가 흔드는 힘에 나는 앞으로 고꾸라졌고 정글이는 뒤로 발라당 자빠졌다. 침대 위로 떨어졌으니 아프진 않았을 텐데 놀란 아이는 더 거세게 울었다.

　어느새 10시. 조식 시간은 끝을 알리고 있었다. 느긋하게 아침식사를 즐기는 여행자들이 많기에 지금 가도 먹을 수 있을 것이다. 그러나 전의도 식욕도 사라지고 말았다. 곱게 챙겨둔 조식 바우처 두 장은 이불 위에서 빛나고 있었다. 아이는 한참을 더 울었고 자포자기 심정으로 나도 시간을 낚았다.

랑카위 섬은 좀 특별하다. 동남아 섬들은 다 거기서 거기 아닌가 했던 나의 편견을 확실하게 깨준 곳이다. 태국과 마주하고 있어 배로 한 시간만에 국경을 넘는 것이야 그렇다 치더라도 섬 전체가 면세 지역으로 맥주 한 캔이 500원도 하지 않는 환상의 섬이다.

바다 앞에 널브러져 유럽인들은 와인 병을, 아시아인들은 맥주병을 대낮부터 부여잡고 마시는 유희의 섬. 바닷물에 수줍게 발 담근 히잡 쓴 여인들의 수다가 아름답고, 이제 막 사랑을 시작한 연인들의 음표 같은 어휘에 가만히 귀 기울이게 되는 섬. 꽈리를 틀며 뜨거워진 맹그로브 숲들이 물길을 이루고, 태초의 자연과 조우하는 섬이었다. 우리가 할 일은 그저 아무 데나 앉아 원시림과 인사하며 노을을 즐기는 것뿐. 이런 곳에서 아침부터 조식으로 아이와 투덕거리다니 어리석었다.

한참을 울던 아이는 얼룩진 얼굴로 힐끗 나를 바라보았다. 배가 고픈 모양이다. 11시. 화려한 아침 식사와 이를 위해 결제한 5만 원도 휘발되었다. 헛헛함에 슬리퍼를 찍찍 끌고 이글거리는 남국의 태양 속으로 나가보았다. 밥 말리 노래가 유쾌하게 흘러나오는 식당으로 들어갔다. 선풍기가 독특한 마찰음을 내며 움직이고 있었지만 랑카위의 무더위에는 속수무책이었다. 코코넛 빛 얼굴을 한 사내가 웃으며 다가와 메뉴판을 건네주었다. 열대과일 주스와 나란히 자리를 차지하고 있는 당근주스가 건방지다고 생각했다. 궁금해서 주문해봤다.

한 모금 들이켜다 정글이와 동시에 눈을 번쩍 뜨며 마주 보고 웃었다. 아이와 나 사이에 차갑게 흐르던 냉랭함이 당근주스 한 모금에 사라졌다. 랑카위 들녘에서 무작위로 자라는 당근을 먹어보면 알 수 있다. 아삭함보다 먼저 찾아오는 달달함은 혀를 마비시키고 숨을 멎게 만들었다. 하루하루 치열하게 살았던 일상을 무력하게 만드는 달콤함이랄까. 망고보다 달콤하고, 수박보다 청량하고, 두리안보다 강렬했다. 5만 원짜리 조식 대신 1000원짜리 당근주스를 앞에 두고 우리는 웃었다.

나는 정글이가 여행을 좋아하는 사람이 되었으면 좋겠

다. 그저 비행기를 타고 물리적으로 확장된 점을 찍고 오는 여행이 아닌 일상과 여행의 경계 어디쯤 살기를. 손이 끈적일 때마다 물티슈를 찾기보다는 좀 참았다가 바지에 쓱쓱 닦는 관대함과, 호스텔 주인장에게 배급받은 양동이의 따뜻한 물을 알뜰히 배분하여 양치까지 마칠 수 있는 치밀함과, 손바닥만 한 창문으로 들어오는 겨울 햇살에 감사하며 노곤한 몸을 뉘는 여유로움을 장착하기를 바랐다.

아이의 선택을 기다리고 추억을 만들어주기 위해 떠난 여행이었으나 어느 순간 더 많은 것을 보고 체험해야 한다는 압박감에 지배되기도 했다. 주변 육아 동지들은 부지런히 아이와 무언가를 만들어가고 있고 그 속에서 조급해진 나는 또 마음만 바빴다. 행복은 이미 우리 옆에 바짝 와 있었지만 멀리서 행복을 찾느라 아이를 이리저리 끌고 다녔다.

우리는 심심하기 위해
떠나왔어

늦은 오후, 그림자가 길어지기 시작하면 느릿느릿 조리 샌들에 엄지발가락을 끼웠다. 태양은 신발 끈 문양대로 발등에 자국을 남기고 있었다. 벌써 네팔 포카라에 흘러들어온 지 한 달이 넘었다.

페와 호수를 걷다가 잠깐 책을 읽다가 다시 걸었다. 그것이 한 달 동안 이곳에서 한 일이고 앞으로 할 일이다. 저녁에는 선술집에 들어가 창(쌀이나 조를 발효시켜 만든 네팔 전통주, 막걸리와 유사함)으로 목을 축였다. 딱히 직업도 없어 보이는데 매일 같은 옷을 입고 혼자 앉아 술을 홀짝이면 한번쯤 어디서 왔는지 생활비는 어떻게 해결하는지 물을 법도 한데 주인은 그저 웃을 뿐이다. 주인은 내가 가게에 들어서면 때에 찌든 하얀 천을 들어 눈인사를 하고 주방으로 돌아가곤 했다.

그게 좋아 매일 찾아갔다. 딱히 한국이 그리운 것은 아니지만 김치가 그리웠고, 정체성을 알 수 없는 '양배추 고춧가루 범벅'으로 그리움을 달랬다. 재래시장에서도 한참 안으로 들어가야 찾을 수 있는 술집이라 한국 사람은 단 한 명도 만나지 못했다.

다음 날엔 10시 즈음에 눈을 떴다. 빨기는 하는지 의심스러운 밍크 이불을 머리 끝까지 끌어올렸다. 커튼 없는 창문으로 쏟아지는 햇살이 얼마나 강렬한지 더 자기는 틀린 것 같아 밖으로 나왔다. 더위를 피하기 위해 'ㅁ'자 형태로 지어진 숙소 마당에는 칠이 벗겨진 테이블이 드문드문 놓여 있었고 한국이었으면 진즉에 버렸을 이빨 빠진 접시 위의 삶은 달걀이 정갈하게 주인을 기다리고 있었다.

딱히 담장이라고 부를 만한 것도, 지붕이라고 부를 만한 것도 없어 비둘기들과 남은 빵 조각을 나눠 먹었고, 간간이 마리화나를 파는 잡상인들이 찾아와 유혹하기도 했다. 뿌리를 정박한 채 잎을 이리저리 움직이는 식물처럼 나는 그곳에 박제되어 광합성을 하곤 했다.

느릿느릿 동네 책방으로 향했다. 수많은 언어가 엉켜서 산을 이루고 있었고 주인은 나를 위해 한국어 책을 찾아주었다. 류시화나 한비야의 책도 있었다. 지루함에 치를 떨 때 겨우 찾아봄직한 《반야심경》과 《논어》도 보였다.

다 읽은 책 두 권과 서점의 책 한 권을 바꿨다. 딱히 언어는 필요하지 않았고 필요한 책을 가리키면 주인이 다가왔다. 어찌나 천천히 걸어오는지 멈춰 있는 게 아닌가 싶어 한참을 응시했다. 노인이 다가오자 은은하게 백단향이 났다. 빤(인도식 씹는 담배)을 많이 씹었는지 이가 붉은빛이었다. 걸레인지 수건인지 좀 전에 얼굴을 닦던 천조각을 가져와 책을 닦아주었다. 숙소의 의자에 앉아 읽기를 반복하다 태양이 소멸을 준비하면 선술집에 갔다.

떠남과 머묾. 20대의 나는 그곳에서 이방인의 설렘과 주민의 익숙함을 동시에 느끼며 별 책임감도 걱정도 없이 시간을 축내며 지냈다. 굳이 떠나지 않아도 매일 바뀌는 여행자들을 만날 수 있었다. 숙소로 들어오는 여행자들의 경계심 없는 미소, 달궈진 히말라야의 바람 냄새가 좋았다. 20대 시절 맛본 그 여유로움이 그리워 정글이와 떠나는 두 번째 여행은 발리로 시작했다.

게스트하우스 호스트의 겨울은 혹독하다. 단풍 시즌이 끝나면 게스트하우스에 긴 공백이 찾아온다. 영주, 봉화, 단양으로 이어지는 소백산 자락 밑 중부 내륙 도시의 추위는 상상을 초월한다. 난방비는 천문학적이고 오래된 건물이라 효율성도 떨어졌다. 대형 콘도와 호텔 들이 파격적인 할인 행사에 들어가니 당초에 우리 같은 소형 숙박 시설은 겨울 장사에 게임이 안 된다. 떠나야 할 이유는 넘쳤다.

사람들은 발리가 변했다고 했다. 인도네시아 그 어느 도시보다 비싼 물가와 그 어떤 가치도 돈으로 환산하려 드는 상인들이 그렇다고 했다. 일방적으로 모든 것을 수용해야 하는 여행자로서 선택은 우리의 몫이고, 그에 따른 책임이나 평가도 우리의 권리이자 몫이겠지만 어째 그 변했다는 평가가 '나 여행 좀 다녀본 사람이야', '예전에도 와 봤고 지금도 난 이곳에 있지', '난 가치를 중요시 여기는 진정한 여행자야'라고 들릴 정도로 발리가 좋았다. 손바닥만 한 수영복으로 아슬아슬하게 몸을 가리고 해변을 질주하는 청춘들의 자유분방함이 좋았다. 언제 돌아가느냐고, 다음에는 어디로 갈 거냐는 나의 질문에 "Maybe"라며 우물거리는 그 불안함이 좋았다. 끝과 시작이 명쾌한 자본주의 사회에서 오랜만에 느껴보는 혼란이 좋았는지도 모르겠다. '일' 자체보다는 그에서 오는 '인정'에 의해 움직이던 일상, '행복한 삶'보다는 '행복해 보이는 삶'을 좇아왔던 삶이 까마득히 멀게 느껴졌다.

나는 이제 힘들어야 성공하고 더 많은 희생을 치른 사람만 달콤한 열매를 쟁취한다는 환상을 믿지 않는다. 부자로 사는 내일을 위해 오늘을 가난하게 살지 않기로 했다. 지금 이 순간 온몸을 다해 즐기고 특별하게 여기다보면 어느 순간 인생이 통째로 특별해져 있을 것이다. 돈은 없지만 시간은 많았다. 무언가를 얻으려고 온 것이 아닌 여행이었기에 조급, 긴장, 집착은 발리의 바다에 죄 던져버렸다.

이곳에선 아이와 중력의 힘에 저항하며 바다 위를 둥둥 떠다녔다. 늦은 오후, 근사한 식당 대신 작은 슈퍼마켓에서 맥주 한 캔과 망고 한 개를 샀다. 야자수 밑에서 정글이와 종이비행기를 접어 날리고 풍선에 바람을 불었다. 먹다 남은 삶은 감자를 꺼내놨더니 멀리서 잠자던 개가 옆으로 다가왔다. 정글이는 감자를 반으로 쪼개 강아지 입에 넣어주었다.

50세쯤 되었을까? 초로의 프랑스 여인이 다가왔다. 숙소에서 칩거하는 우리가 궁금했던 모양이다.

"심심하지 않아?"
"심심하러 왔어."

아이 옆에 떨어진 하얀 꽃을 머리칼에 꽂아줬더니 아이가 하얗게 웃었다. 모든 것은 정지되었고 낡은 벽의 도마뱀만 재빠르게 파리 한 마리를 쫓고 있었다.

육아와 운동을
동시에

마흔이 넘어서 둘째 정의를 낳았다. 3~4시간마다 모유 수유를 해야 했으니 친구들과 저녁식사를 한다거나 수영, PT처럼 규칙적인 운동을 할 엄두도 낼 수 없었다. 만나고 싶은 사람도, 하고 싶은 것도 많았지만 손바닥만 한 공간만 있어도 수시로 드러누웠다.

10년 동안 몸담았던 직장에 사표를 낸 후, 소속은 물론 오랜 인연도 서서히 사라졌다. 주류(?)로부터 잊혀지는 게 두려워 밥 먹자는 옛 동료들의 부름에 악착같이 나가려 안간힘을 쓰던 때도 있었다. 하지만 아침부터 밤까지 아이들에게 붙들려 있으니 기저귀를 갈다가 아이를 씻기다 전화를 놓쳤다. 누군가에게 평가받고 승진에 목맬 직장도 없고 누가 나를 어떻게 생각하든 신경 쓸 필요 없는 자유를 얻었는데 이상하게 자꾸 불안했다.

'그냥 계속 다닐 걸 그랬나? 복직할 직장이 있었더라면 지금처럼 막막하고 불안하지 않았을 텐데.'

아니다. 회사생활과 시험관 시술을 병행했더라면 난 두 딸을 품에 안지 못했을 것이다. 막막함에 혼자 수많은 'If'를 던져본다. 모든 것은 나의 선택이었는데 가보지 않은 길에 대한 동경은 오늘도 끝이 없다.

20년 전, 혼자 히말라야 트레킹을 마치고 온 직후였다. 모든 산이 만만하게 느껴졌다. 굽 낮은 로퍼를 신고 친구와 한라산 등반을 시작했다. 친구가 내 신발을 보고선 가지 말자고 만류했지만 괜찮다고 등산을 강행했다.

중반쯤 올랐을까 인기척에 후다닥 뛰어가는 노루를 보다 야트막한 계단에서 그만 구르고 말았다. 발목을 접질렸는지 금세 부어오르며 내 의지와 상관없이 미세하게 떨렸다. 친구는 당장 내려가자고 했으나 무슨 고집이었는지 완

강하게 거절했다. 언제 다시 올 수 있을지 모르는 데다 그깟 상처로 중간에 하산한다는 게 자존심이 상했다. 결국 내가 이겼고 친구는 나와 보폭을 맞춰주었다. 무리를 한 탓에 복숭아뼈가 보이지 않을 만큼 발목이 부었고, 발등까지 부어서 신발 뒤축을 꺾어 신어야 했다.

나는 절뚝거리며 기어이 정상에 올랐다. 하지만 내려오는 길에 다리에 힘이 풀려 한 번 더 계단에서 굴렀다. 집으로 돌아와서도 한참을 절뚝거렸지만 병원에 가길 미루다 3개월이 지나서야 갔다.

"에휴, 왜 이제 오셨어요? 깁스를 했어야 하는데 시기를 놓쳤네요. 앞으로 살면서 자주 삘 거예요."

의사의 말대로 나는 수시로 발목을 삐었고 주저앉았다. 내 몸은 과거의 사건 사고를 나이테처럼 고스란히 기억하고 있다가 출산 후에 그대로 출력했다. 매일 아침, 발목이 시큰거렸고 무릎은 비자발적 반사를 일으켰다. 이때도 나에게 병원은 너무 멀었다.

아이들을 데리고 산책을 하다 어떤 엄마가 유모차에 아기를 태워 달리는 모습을 보았다. 보통 유모차와 달라 보여 어떤 제품인지 궁금해 가까이 다가갔다. 유모차를 끄는 손을 보니 퍼런 힘줄이 툭툭 불거져 있었다. 아이의 엄마가 아닌 할머니였다. 그분은 할머니라는 게 믿기지 않을 만큼 날씬하고 탄탄한 몸매를 가지고 있었다. 멀어져가는 유모차를 사진으로 찍어 이미지 검색을 했더니 달리기에 최적화된 '조깅 유모차'로 불리는 모델이었다.

조깅 유모차라니! 매력적인 유모차를 보니 계속 눈에 어른거렸다. 가격이 만만찮아 고심 끝에 중고로 구입했다.

집 근처에 산책로가 많은데 대부분 비포장도로라 일반 유모차로 다니기엔 무리가 있었다. 조깅 유모차에는 크고 단단한 바퀴가 장착되어 있어 이제 힘을 덜 들이고 산책을 갈 수 있었다. 다만 내 체력이 형편없을 뿐.

다음 날 아침, 아이들과 함께 산책을 나섰다. 장갑까지 만반의 준비를 한 나는 외투 지퍼를 끝까지 올리고 당당하게 출발했다. 금방이라도 한바탕 눈이 쏟아질 듯했다. 정의를 태운 조깅 유모차를 앞세우고 천천히 걸음을 내딛으며 몸을 달궜다. 한 시간가량 달리니 날개 뼈가 후끈해지며 땀이 맺혔다. 몽롱했던 정신이 맑아지는 듯했다. 달릴수록 모든 걱정과 불안도 저만치 멀어졌다. 유모차에는 충격 흡수 장치가 고안되어 있어 달리는 동안 정의는 유모차 안에서 잠들었고 정글이는 씩씩하게 같이 달렸다.

눈이 시린 파란 하늘도, 속살을 드러낸 겨울산도 양 옆으로 멀어졌다. 훗날 아이에게 '너를 낳고 키우느라 내가 이렇게 살이 찌고 못생겨졌어. 너 때문에 좋아하는 공부도 여행도 못하게 되었지'라고 말하는 대신 '너를 낳고 키우면서 나는 이렇게 근사해졌어'라고 말하는 엄마가 되고 싶다.

꾸준히 달리다보니 육아의 힘듦도 한 스푼 줄었고 자기 관리를 할 여유가 생겼다. 이렇게 산책 겸 한바탕 뛴 날에는 잠도 푹 잔다.

산들이 녹음으로 넘실대고 남한강이 옥빛으로 가득 차는 봄이 오자 얼른 달릴 생각에 설렜다. 날씨가 풀리면 새벽 5시만 되어도 입고 있던 옷 그대로 나가서 활기차게 달릴 수 있다. 아직 정글이는 꿈속이라 정의만 유모차에 태웠다. 아침에 일어나는 것이 쉽지 않지만 한 시간 동안 나지막한 트레일을 걷고 난 후의 상쾌함은 그 무엇으로도 대체할 수 없다. 유모차와 함께 달리다보면 꼬리에 꼬리를 물고 이어지는 잡념들을 멀찍이 떨어져서 바라볼 수 있다. 오늘 할 일들을 하나씩 상기하는 것도 좋다. 때론 뛰면서 영어 강의를 듣거나 석학들의 인터뷰를 듣곤 한다. 남들보다 빨리 아침을 시작해 한적한 거리에서 크고 작은 나뭇잎들의 속삭임과 비온 뒤 흙냄새에 흠씬 젖다 오는 것도 좋다.

엄마의 빈자리를 손끝으로 더듬거리다 울던 정글이도 이제 운동하러 간 엄마의 부재에 적응했는지 더 이상 칭얼대거나 울지 않는다. 다시 누워 더 자거나 퍼즐을 맞추며 가만히 엄마를 기다린다.

오늘도 조깅 유모차로 신나게 달리거나 등산용 캐리어에 정의를 태우고 연둣빛 물감을 짓이겨 놓은 듯한 봄 언덕을 탐험하다 돌아왔다. 늘어난 폐활량만큼 행복도 커졌다. 말간 얼굴로 엄마를 기다린 정글이와 술래잡기를 할 수 있는 체력은 덤이다.

계절이 너를
비껴가더라도

"엄마, 오늘은 이거야!"

아침마다 현관 앞에서 정글이는 나를 놀라게 하곤 한다. 오늘은 종아리까지 올라오는 고무장화를 신고 있었다. 창문을 열자 40도에 육박한 도로의 열기와 습도가 한꺼번에 끼쳐왔다. 타는 듯한 날씨에 고무장화를 신은 아이를 지켜보는 것만으로도 땀이 맺혔다.

아이를 낳기 전에는 날씨와 맞지 않게 옷이나 신발을 신은 아이를 만나면 아이의 엄마를 쳐다보곤 했다. 왜 저렇게 입혔을까 궁금했고 의아했다. 하지만 직접 겪어보니 아이에게 취향이라는 게 생기면 엄마에게는 더 이상 결정권이 없었다.

아이를 낳기 전엔 나에게도 육아의 환상이라는 것이 있었다. 아이에게 시원한 린넨 원피스에 고급스러운 스티치가 들어간 라탄 모자를 씌워주고 싶었다. 장식 없는 깔끔한 신발과 무릎까지 올라오는 양말을 신기고 같이 나들이를 가면 얼마나 예쁠까 상상했다. 날씨에 따라 깔끔하면서도 시원하게, 무심해 보이지만 세련되게 입혀주고 싶었다. 지나가던 사람들이 아이를 보며 엄마가 옷을 참 잘 입혔다는 말도 한두 번은 듣고 싶었다.

일찍 육아를 시작한 육아 동지들이 작아서 못 입게 된 아이 옷들을 보내주었다. 하루가 다르게 아이가 클 때라 입혀보지도 못한 옷도 있었다. 주는 대로 받아놓고 보니 옷도 신발도 모자도 넘쳤다. 세련된 허리끈이 달린 원피스를 입혀 어린이집에 보냈더니 낮잠을 자는 동안 많이 불편했다고 했다. 계단을 올라가며 몇 번이나 치마를 밟아 넘어질 뻔했다고도 했다. 엄마가 일방적으로 고른 옷은 예쁘고 사랑스러웠지만 아이에게 거추장스럽고 불편할 수 있다는 것을 알게 되었다.

아이가 캐릭터 세계에 빠지기 시작하면서 아이의 옷은 새로운 국면을 맞이했다. 옷장의 모든 옷은 공주 스타일에 점령당했다. 두세 겹의 레이스로 장식한 옷이 옷장을 채웠고 신발도 머리끈도 내 눈엔 촌스럽기 그지없는 공주들 천지였다. 한여름에 통풍이 안 되는 나일론 레이스 원피스와 고무장화를 신고 간 날이면 가뜩이나 열이 많은 아이가 땀을 흘리고 있는 건 아닌지, 어디에 걸려 넘어지는 것은 아닌지 마음이 불편했다. 특별 활동을 하는 날이라 실랑이 끝에 내가 골라준 바지와 투박한 티셔츠를 입고 간 날에는 아이를 시무룩한 얼굴로 보낸 게 내내 마음에 걸렸다. 조그만 아이 옷 입히는 게 이렇게 힘들 줄이야.

하지만 신기하게도 아이는 스스로 고른 옷은 불편을 감수했다. 발목까지 내려오는 새틴 겨울왕국 드레스도 한여름 무더위에 꿋꿋하게 입었다. 계단을 오르내릴 때는 치마를 들어 올리는 센스를 발휘했고 선생님의 호위를 받으며 공주 드레스를 지켜냈다. 낮잠 시간에는 배기는 것을 생각해 비치해둔 티셔츠로 갈아입는 번거로움도 감내했다.

자기 뜻대로 안 되면 도움을 청하기보다는 물건을 던지거나 소리를 지르는 네 살. 똥고집인지 패션인지 몰라도 아이의 의견을 수용하고 뒤에서 가만히 지켜보기로 했다. 아이의 고집을 꺾을 체력도 안 됐고, 위험하지만 않다면 강제로 막을 필요도 딱히 없었다.

옷 행거를 아이 키에 맞춰 낮게 내려주고 옷을 꺼내기 쉽게 의자를 놓아주었다. 아이의 패션(?) 활동에 문제가 될 경우를 대비해 어린이집 사물함에 간편한 여벌 옷을 미리 넣어두었고, 어린이집 신발장에도 샌들과 운동화를 한 켤레씩 갖다 두었다. 아이의 옷차림을 지적하고 싶어도 꾹 참고, 말하기 전에 잔소리인지 생각해보는 여유도 생겼다. 잔소리가 나오려 할 때면 한 번 더 입을 막았고 말하면서도 최대한 말을 줄였다.

그랬더니 아이는 의자를 이용해 천천히 옷을 골랐다. 앞뒤가 바뀌어 옷 라벨이 얼굴 밑으로 온 적도, 티셔츠를 뒤집어 입어 봉제선과 정리되지 않은 실밥들이 밖으로 나오기도 했지만 활동에 큰 방해가 되지 않는다면 굳이 바꿔 입히지 않았다. 옷을 뒤집어 입었다고 큰일이 나는 것도 아니고 아이 스스로 해낸 일을 어른의 눈높이로 교정해주고 싶지 않았다. 스무 살이 되어서도 앞뒤 구분을 못하진 않겠지 싶었다.

♡ ♡ ♡

한 톨의 습기도 허용할 것 같지 않은 발리에서는 하루 한 번 마치 모든 것을 휩쓸어버릴 듯 폭우가 쏟아진다. 창문을 활짝 열고 내리는 비를 바라보며 커피를 홀짝거리다 아이와 잠깐 야밤에 외출을 해보고 싶었다.

"정글아, 네가 원하는 옷 입고 나와. 엄마도 제일 예쁜 옷 입고 밖에서 기다리고 있을게."

저가항공 수화물 규정에 맞춘 7킬로그램의 세간살이라 갈아입을 옷도 딱히 없었다. 어디서든 밥 말리 티셔츠와 반바지를 사는 것으로 여행을 시작했고, 깨끗이 빨아 새로 사귄 히피 친구들에게 선물하는 것으로 여행을 마무리했기 때문이다. 밖에서 기다리고 있으니 아이가 미소를 가득 머금고 걸어 나온다.

"짜잔!"

아이는 알몸에 양말 한 켤레만 신고 나타났다. 여름 햇살 밑에서 담금질된 아이의 갈색 피부가 달빛 아래 빛났다. 아이가 타인의 하얀 피부를 부러워하는 대신 많은 도시의 이야기가 축적된 자신의 피부를 사랑했으면 좋겠다는 생각을 잠깐 했다.

"우리 춤출까?"

♡ ♡ ♡

소나기가 퍼붓는 여름밤, 정글이는 내일 어린이집에 갈 때 입겠다며 털 조끼를 꺼내고 나는 정글이의 고무장화를 닦았다. 가만히 창문을 여니 비 냄새가 훅 끼쳐온다. 긴 시간 동안 어두운 하늘과 높은 습도가 지속되니 여름이 아닌 모르는 계절을 경험하고 있는 것 같다.

다음 날 어린이집 선생님이 보내주신 활동사진 속 정글이는 혼자 장화를 신고 있었다. 다른 친구들의 샌들 사이에서 정글이의 발목을 덮은 빨간 고무장화는 잎이 무성한 여름 나뭇잎들과 극명한 대비를 이루고 있었다. 그러고도 아이는 한 달을 더 고무장화를 신고 어린이집에 갔다.

아이와 해외여행할 때
챙겨 가면 좋은 아이템

① 미니 밥솥

장기간 해외여행을 가거나 한식을 꼭 먹어야 하는 가족이라면 미니 밥솥을 챙겨 가길 적극 추천한다. 한 달 살기로 최적화된 치앙마이, 조호르바루, 발리 등에는 밥솥이 구비되어 있는 숙소도 있지만 비싼 편이다. 미니 밥솥으로 밥은 물론 라면을 끓이거나 고기도 구워 먹을 수 있으니 이것보다 유용한 아이템이 있을까 싶다.

② 소형 돼지꼬리 열선(온수봉)

인도, 동남아, 남미 등 개발도상국가들은 페트병을 재활용해서 생수를 판매하는 경우가 종종 있다. 구매한 생수라 해도 믿고 마시기엔 석연찮다. 이럴 때 전기만 있으면 안전하게 물을 끓여서 먹을 수 있고, 아침에 달걀을 삶아 호텔급 조식을 만들어 먹을 수도 있다. 온라인 쇼핑몰에서 14달러 정도면 장만할 수 있다.

③ 손목시계

해외에서는 시간을 확인하기 위해 휴대전화를 수시로 꺼내는 것보다 저렴한 손목시계를 차고 다니는 편이 좋다. 스마트 워치, 무선이어폰, 무선헤드폰 등 모두 표적이 되기 쉽기 때문이다. 배낭에는 도둑 맞아도 여행에 큰 지장이 없는 것들로 싸는 것이 좋다. 안전고리를 활용해 배낭과 휴대전화를 연결해 다니면 도둑맞을 위험을 줄일 수 있다.

④ 라면 스프

여행 전에 라면 스프와 인스턴트 소스를 모아두면 요긴하다. 요즘 해외 어디를 가도 한국 라면을 쉽게 구할 수 있지만 가격 차이가 크니까. 한식이 그리울 때, 조미료가 필요할 때 라면 스프가 유용하다.

⑤ 보행기 튜브와 암링

제법 큰 아이도 보행기 튜브에 앉히면 안전하게 다른 여행자들과 뒤섞여 시간을 보낼 수 있고, 엄마도 느긋하게 시간을 보낼 수 있다. 다만 최근 튜브 반입이 안 되는 리조트들도 많은 데다 호핑 투어 시 보행기 튜브를 가지고 다니기 번거로울 수 있으니 견고한 암링을 같이 준비하면 요긴하다.

매일 오늘이 반복되지만
똑같은 하루는 없어

"마음이 부자야.
그래서 우리는 부자야."

사람들은 내리사랑만 존재한다고 하지만
유일하게 치사랑이 존재하는 시간,
아이의 눈빛과 웃음을 가슴에 새겼다.

파란 눈의 육아 동지,
옐루

차 창문을 열었더니 잔뜩 흐린 하늘이 금방이라도 비를 쏟아낼 것 같다. 후배 결혼식에 참석하러 가느라 아침부터 분주했다. 잠시 휴게소에 들러 커피 한 잔을 뽑아 마셨다. 장마가 시작될 모양인지 후텁지근했지만 손을 타고 전해지는 커피의 온기가 좋아 지그시 눈을 감았다.

갑자기 낯선 번호로 전화가 울렸다. 게스트하우스 예약 손님인가 싶어 전화를 받았다.

"Hi!"

낮은 목소리의 외국인 남자였다. 예상치 못한 전화라 잠시 긴장했다.

"Is room available for today?"

그가 물었다. 나는 비어 있는 객실과 가격을 알려주고 객실을 둘러보게 했다. 그는 객실이 마음에 든다고 했다. 오랜만에 해보는 영어에 덜덜 떨렸지만 꽤 유쾌했다.

결혼식 참석 후, 게스트하우스로 돌아오니 그가 있었다. 그의 이름은 옐루였다. '옐루'를 발음하는 순간 입에서 비눗방울이 통통통 튀어나올 것 같은 이름이었다.

스페인 사람인 옐루는 키가 매우 컸다. 내 쇄골이 그의 허리춤에 닿을 정도였다. 2미터가 넘는 그를 올려보려니 목이 아플 지경이었다. 살짝 벌어진 앞니에 입술은 도톰하다 못해 두툼했고, 정갈한 가르마를 따라 구불구불한 머리카락이 어깨까지 내려왔다. 팔목에 감긴 빛이 바랜 팔찌들이 그가 걸었을 수많은 길을 짐작케 했다.

그는 나를 보자마자 반갑게 악수를 청했다. 거침없는 당당함 속에 배인 겸손과 배려가 좋았다.

다음 날 아침, 그는 하루 더 묵을 수 있냐고 물었다. 그 다음 날도 같은 질문으로 아침 인사를 대신했다. 그렇게 그는 7일을 더 머물렀다.

대부분 쉬러 떠난 여행에서조차 정해진 시간에 더 많은 곳을 둘러보려고 하는데 그의 시계는 잠시 멈춘 것처럼 느껴졌다. 부러 묻지는 않았지만 딱히 일정이 더 있을 것 같지 않았다. 그냥 기시감이었다.

그에게 영어를 배우고 싶었다. 손님들의 요구에 능숙하게 대응하고 제공할 수 없는 것들은 불쾌하지 않게 거절하고 싶었다. 무엇보다 외국인과 대화 후 쪼그라드는 나 자신과 조우하는 것이 싫었다. 영어를 가르쳐줄 수 있냐고 더듬거리며 물으며 대신 숙박을 제공해주겠다고 덧붙였다. 그는 망설임 없이 좋다고 했고 일종의 계약이 이루어졌다. 서로 원하는 것들을 말하고 수업시간을 조율했다.

"엄마, 옐루는 왜 우리말 안 쓰고 이상한 말을 써?"

"옐루 엄마 아빠가 스페인 말을 쓰거든. 정글이도 엄마가 한국말을 쓰니까 한국말을 하잖아."

"그럼 옐루는 내 말을 못 알아들어?"

"아니, 다 알아듣지. 말은 입으로만 하는 게 아니라 눈, 손가락, 피부로도 할 수 있거든."

엄마의 새로운 시작을 정글이도 좋아했다. 게스트하우스를 청소하는 동안 정글이는 옐루와 시간을 보냈다. 종이컵으로 탑을 쌓기도 하고, 싱크대에서 그릇을 꺼내 드럼 삼아 연주하기도 했다. 마당에서 물풍선을 한 소쿠리 터트리고 흠뻑 젖어 들어오기도 했다.

객실을 청소하는 내내 아이에게 동영상만 틀어주던 시간들을 한꺼번에 보상받는 느낌이었다. 옐루는 정글이의 미소를, 정글이는 옐루의 에너지를 좋아했다. 정글이는 세상엔 가족 말고도 안전한 사람들이 많고 그중에는 눈, 코, 입, 피부색이 다른 사람들도 존재한다는 것을 어렴풋이 이해하는 것 같았다. 왜 옐루가 자신의 말을 알아듣지 못하는지, 영어의 역할도 이해하는 것 같았다. 그리고 사람과 소통하는 데 언어가 절대적인 것은 아니라는 것도 직접 경험하며 느끼고 있었다.

옐루는 요리하는 걸 좋아했다. 낮은 싱크대에 구부정하

150

게 서서 스파게티를 삶았다. 뭐든지 빨리빨리 결정되고 이루어지는 시대에 며칠 동안 정성스레 토마토를 말리고, 품을 들여 음식을 만드는 옐루를 정글이와 나는 신기하게 바라보았다. 자극적이지 않은 데다 말린 토마토가 맛있었는지 정글이는 금방 한 그릇을 비웠다. 옐루는 정글이의 입을 닦아주는 대신 마주보며 웃었다. 정글이도 까르르 웃었다. 다음 날은 내가 만든 김치볶음밥으로, 비빔밥으로, 잔치국수로 우리 셋은 단조로운 일상을 채웠다.

네 살 정글이는 가장 원초적인 방법으로 사람들과 소통하고 볼에 입을 맞추며 인사했다. 뜨거운 물 속으로 파고드는 홍차 티백처럼 다양한 국적의 여행자들과 쉽게 섞였다. 여행자들은 가방을 뒤져 아이에게 사탕과 젤리를 꺼내주었고 아이의 보물상자는 비워내기 무섭게 다시 채워졌다. 그들이 꺼내놓은 것은 눅눅해진 사탕뿐만이 아니었다. 기꺼이 그들의 에너지를 쏟아 정글이와 시간을 보냈다. 아이에게 친구가 많아서 부럽다고 했더니 어깨를 으쓱거렸다.

골목을 걷다 깨진 아스팔트를 비집고 올라온 냉이꽃이 보였다. 쭈그려 앉았더니 아이도 따라서 앉으며 물었다.

"엄마, 왜?"

"냉이꽃이 피었어. 엄마는 이 하얀 들꽃을 정말 좋아하거든."

"I love white flowers, too."

아직 알파벳을 읽을 줄 모르는 아이 입에서 나온 문장이 맞나 싶어 한참을 바라보았다. 며칠 뒤, 우정과 관련된 그림책을 읽어주다 재미 삼아 물어보았다.

"Who is your best friend?"

"It's me."

고독한 길 위에서 자신과 조율하고 타협했던 옐루의 친구답게 정글이도 자신과 동행하는 법을 깨닫고 있었다.

그렇게 한 달쯤 지났을 무렵, 옐루는 참석해야 할 결혼식이 있어 뉴질랜드로 곧 떠난다고 했다. 인천공항에 가기 전까지 부산에서 남은 시간을 보낸다고 했다. 내가 단양역까지 태워주겠다고 하자 그는 지금까지 이 긴 여행을 대중교통 대신 히치하이킹으로 해결했다고 했다. 옐루가 첫날 우리 집으로 왔던 것도 우연히 우리 게스트하우스를 알고 있는 마을 주민의 차를 얻어 타면서 생긴 일이었다.

새벽의 어슴푸레함이 걷히기도 전에 옐루가 로비에 서 있었다. 처음 만났을 때 모습 그대로였다. 단양의 햇볕에 조금 더 그을린 것 같기도 했다. 그가 양팔을 벌리며 다가왔다. 나의 얼굴이 그의 가슴께에 닿아 엉거주춤한 자세로 한참을 안았다. 한국을 떠나 어디론가 향할 때, 스페인에 오게 되면 꼭 연락하라며 힘주어 말했다. 나는 그가 떠나는 모습을 보며 한참 서 있었고 옐루도 되돌아보기를 반복했다.

정글이가 깨어나 옐루의 부재에 눈물을 흘렸다. 수많은 만남과 이별을 반복해온 아이였으나 눈물이 금방 가라앉지 않았다. 한국과 스페인에서, 아니면 지구별 어딘가에서 다시 만날 수 있다고 하자 그제야 아이는 눈물을 거두었다.

그렇게 한 달 이상 머물며 정글이의 기억에 오롯이 남은 여행자가 지금까지 열 명이 넘는다. 우리가 길을 떠나야 하는 이유가 하나 더 생겼다.

옐루, 그는 떠났고 올리브 향만 남았다.

옐루가 알려준 원어민의 노동력을
제공받을 수 있는 사이트

① 워크어웨이   www.workaway.info

'떠나서 일한다'라는 의미로 여행지에서 노동력을 제공하고 숙식을 제공받는 플랫폼. 여행지 지역사회에 기여하며 동시에 현지인과 현지 문화에 대해서 제대로 알 수 있는 기회를 주고자 하는 것이 워크어웨이의 미션(Mission)이다. 한정된 예산의 여행자, 외국어를 배우고 싶은 여행자, 현지 문화 체험을 희망하는 여행자들에게 최적인 시스템이다. 숙식을 제공하고 외국인의 노동력을 원한다면 홈페이지에 소개글을 올리면 된다. 어떤 형태의 노동력을 원하는지, 여행자는 어떤 혜택을 받을 수 있는지, 여행자가 현지에서 어떻게 문화적 교류를 할 수 있는지 등을 영어로 구체적으로 기입하면 간단한 심사 후 홈페이지에 등록되어 활성화된다.

② 카우치 서핑   www.couchsurfing.com

여행자들 사이에서 유명한 숙박 공유 플랫폼. 워크 어웨이가 노동력 제공을 근간으로 한다면 카우치 서핑은 대가 없이 제공되는 숙박 공유를 목적으로 한다. 코로나로 존폐 위기에 몰리면서 기부금 형태의 유료 회원제를 시작했다. 현재는 멤버들의 검증과 정화 작업이 이루어져 숙박 공유 플랫폼의 명성을 찾아가고 있는 것으로 보인다. 호스트는 무료로 숙박을 제공하고 간단한 집안일이나 육아 도움을 받을 수 있다.

help와 exchange의 결합어로, 일정 기간 숙식을 제공하고 원하는 노동력을 제공받을 수 있다. 홈페이지에 원하는 노동력 형태와 제공사항을 구체적으로 기입하면 된다. 등록된 게스트와 온라인으로 연락을 주고받으며 내가 제공할 수 있는 항목들로 언어, 성별, 국적 등을 필터링해 직접 게스트를 찾을 수도 있다. 우리 집에서 공간을 공유하는 낯선 여행자를 찾는 만큼 프로필과 후기 등을 꼼꼼히 읽어봐야 한다.

서재는 없지만
책이 좋아

초여름의 게스트하우스, 때 이른 더위에 에어컨을 켜기 위해 로비로 내려갔다. 아침부터 달구어진 햇살에 로비가 후끈했다.

로비에는 한 숙박객이 앉아 있었다. 일주일째 게스트하우스에 머무르고 있는 보헤미안이었다. 먼저 말하지 않기에 이름이나 국적을 묻지 않았다. 그는 상의를 탈의한 채 독서에 빠져 있었다. 에어컨을 켜는 리모컨의 '삐빅' 전자음에 그는 파란 눈을 가늘게 만들며 미소로 화답했다. 양 볼에 작은 우물이 패였다.

서점에 들어설 때면 공간에서 내뿜는 책의 온기와 페이지마다 축적된 시간을 느낀다. 나는 책을 읽으며 머릿속에서 산발적으로 떠다니던 지식들이 유기적으로 연결되는 과정을 사랑한다. 김영하 작가는 지금은 종영된 TV 프로그램 〈비정상회담〉에서 종이책은 전기가 필요 없고, 언제 어디서든 읽을 수 있고, 100년 후에도 볼 수 있으며, 빙하기가 오면 땔감으로도 쓸 수 있다며 종이책을 찬양하기도 했다. 나는 정글이가 나처럼 종이책을 좋아하길 바라며 책을 쟁이기 시작했다.

그러나 물건을 버리며 빈 공간을 확장시킬 때마다 쾌감을 느끼는 남편과 언젠간 쓰겠지 싶어 하나씩 모으는 나는 자주 부딪쳤다. 새 물건은 최대한 사지 않는다는 공통점은 있었지만 물건을 대하는 방식은 현저히 달랐다.

'여행자'라는 타이틀은 모든 이들에게 일시적 일탈을 허한다. 분리수거도 느슨해지고, 밥값을 뛰어넘는 커피에도 스스럼없어지고, 플라스틱 쓰레기에도 관대해진다. 나도 그랬다.

주말이 지나면 게스트하우스 손님들이 버린 쓰레기가 넘쳐난다. 쓰레기가 쓰레기봉투에 담기는 것을 쉽게 허하지 못하는 나는 최대한 골라내 내 삶에 다시 저장했다. 흠집 없는 작은 박스를 모으고, 택배 봉투를 갈무리하고, 플라스틱 컵은 정글이 물감 통으로 쓰기 위해 씻어놓고, 커피 잔이 두 개 들어가는 캐리어도 촉감이 좋고 예뻐서 나름의 쓰임을 기대하며 차곡차곡 모은다.

책도 마찬가지였다. 꾸준히 책을 사고, 여행자들이 읽고서 놓고 간 책을 모으고, 일찍 육아를 시작한 육아 동지들에게서 그림책 전집도 물려받았다.

어쩌면 아이가 책을 좋아하길 바라는 것은 핑계였고 지적 허영과 과시로 꽉 찬 거실에서 책 세계를 탐험하는 아이의 모습을 SNS에 올리는 것이 목적이었는지도 모른다. 표지와 이야기의 흐름이 비슷한 전집에 아이는 흥미를 갖지 않았다. 아이는 늘 새로운 책에 관심이 많았다. 나도 알고는 있었으나 책장을 가득 채운 전집은 사진을 찍을 때마다 물리적 공간뿐만 아니라 육아의 틈도 메워주는 듯했다.

어느 날 문득 아이와 함께하는 시간이 벅찼다. 알아듣지도 못하는 아이에게 책을 읽어줘서 뭐 하나 싶었다. 효율성과 최저가 정렬에 집착하는 나에게 무조건 기다려야 하는 육아는 애초에 소모적으로 느껴졌다. 나 혼자 노력한다고 되는 것도 아닌 듯했다.

빛을 보지 못한 책들에 곰팡이가 피기 시작했고 빛도 잃어갔다. 빈틈없이 공간을 가득 메운 책들이 답답하게 느껴졌다. 과감하게 육아 동지들이 물려준 전집들을 정리하고 깨끗한 신간들은 온라인 중고서점에 팔았다. 그러고도 남은 책은 지역사회 커뮤니티에 보냈다.

이제 거실에 책은 없다. 대신 책을 읽고 책과 함께 놀 수 있는 공간은 더 넓어졌다. 책 읽을 시간이 되면 따뜻한 차로 내 목을 보호하고 바디크림으로 기분 좋은 향을 유지한다. 아이가 좋아하는 꼬마 곰 젤리를 꺼내면 아이는 자연스럽게 책을 받아들인다. 책과 함께하는 시간이 아이에게 좋은 기억으로 남아서 어른이 되어서도 엄마의 향기와 알록달록 젤리 향으로 책을 떠올렸으면 좋겠다.

요즘 들어 책을 보며 아이 혼자 가만히 유영하는 시간이 늘었다. 쉼 없이 떠들다가 조용해서 뒤돌아보면 햇빛이 들어오는 창가에서 그림자를 응시하곤 한다. 밖에서 홍수처럼 밀려오는 자극과 보폭을 맞추다 집에 온 아이는 그 누구의 간섭도 소음도 없이 가만히 침잠했다. 나는 물도 틀지 않고 정적으로 아이의 사색에 공감했다.

아이는 이제 혼자 화장실을 가고, 혼자 밥을 먹고, 혼자 옷을 입는다. 책 읽는 것조차 혼자 하겠다고 하면 이 시간들이 몹시 그리워질 것이다. 천천히 이 사랑을, 이 시간을 즐기고 싶다.

책 육아를 위한 추천 앱

① 우리집은도서관

두 아이의 아빠가 우리 집 책을 다른 가정과 공유해보자는 생각에서 시작한, 에어비앤비와 맥락을 같이 하는 도서 공유 플랫폼이다. 내가 가진 책을 다른 이웃이 빌려가면 대여료를 받을 수 있고 책은 일일이 입력할 필요 없이 카메라로 찍으면 자동으로 '내 도서관'에 등록된다. 아이를 키우는 가정의 책 구매 비용을 줄이고, 읽지 않는 책을 집에 쌓아두는 부담도 덜 수 있다. 특히 사운드 북이나 팝업 북은 가격이 만만찮은데 이런 양질의 팝업 북을 단돈 1500원에 빌려볼 수 있다. 추천인 아이디를 입력하면 양쪽 모두에게 2000원의 포인트가 제공된다. 무료 배송인 데다 반납 날짜만 잘 지켜도 포인트를 계속 주니 큰돈 들이지 않고 집에서 알찬 책 육아를 지속할 수 있다.

② 오디오클립

네이버에서 출시한 플랫폼으로 다양한 분야의 책과 콘텐츠를 눈이 아닌 귀로 들을 수 있다. 카테고리도 다양해서 무료로 원어민의 음성을 들을 수 있고 성우가 들려주는 성경이나 경전을 편안히 들을 수 있어 최근 빠르게 인기를 얻고 있다. 책을 더 읽어줄 체력이 남아있지 않을 때, 가끔 컨디션이 안 좋을 때 활용하면 좋다.

③ 아이북케어

바코드 스캔이나 제목 검색을 통해 읽은 책을 정리하고 짧게 감상도 남길 수 있는 독서기록 앱이다. 단행본만 입력이 가능한 다른 앱과 달리 전집류도 등록이 가능하다. 자녀별 등록이 가능하고 인근 도서관을 관심 도서관으로 등록하면 좋은 책을 추천해준다. 독서 활동에 대한 리포트가 제공된다는 점이 가장 이색적인데 아이의 연령이 등록되어 있기 때문에 아이 연령에 비해 수준이 높거나 낮은 책도 알수 있고 중복된 책이 있는지 여부도 확인이 가능하다. 책 제목을 통해 독서 밸런스까지 분석해 편식 없이 균형 있는 독서를 할 수 있다.

잠자리 독서?
엄마가 미리 녹음해놨어

주말이라 오랜만에 게스트하우스가 손님들로 북적였다. 청소를 끝내자마자 체크인을 하는 손님들로 다시 긴장 상태가 이어졌다. 체크인이 모두 끝나고 나서야 굳은 다리를 펴고 좀 쉬었다.

모든 체력을 소진한 나는 아이를 일찍 재우고 싶었다. 더 놀고 싶어 하는 아이를 겨우 설득해 누웠는데 아이는 등과 무릎을 긁어달라고 하다가 전등 스위치를 껐다 켰다를 몇 번이나 반복하고 나서야 잘 준비를 했다. 이제 잠드는가 싶더니 어린 동생의 젖병에 분유를 타서 먹고 싶다고 했다. 요

구를 들어주지 않으면 쉽게 잠들지 않을 게 분명했다. 천근
만근 무거운 몸을 겨우 일으켜 미지근한 물로 분유를 탔다.
아이는 분유를 먹으며 책을 읽어달라고 했다. 잠자기 위한
마지막 코스다.

"어떤 책을 읽어줄까?"

"The very hungry caterpillar!"

책을 꺼내 읽어주었다. 아이는 '한 번 더'를 쉼 없이 반복
했다. '아이가 책을 좋아하니 얼마나 다행이야'라는 안도는
낭독이 노동으로 바뀔 때쯤 귀찮음으로 변한다. 글자가 눈
앞에서 뿌옇게 번지기 시작하고 목은 화끈거리고 눈꺼풀이
내려앉는다. 아이는 스무 번이나 '한 번 더'를 외치고 나서
야 젖병을 손에서 떨구었다. "이제 자자"라는 말을 꺼낸 뒤
로 정확히 한 시간 반이 지나 있었다.

다음 날, 워크어웨이어(workawayer, 노동을 제공하고 숙식을 제
공받는 여행자)인 사라가 집에 왔다. 인천에서 자가 격리가 끝
나자마자 단양으로 온 터라 조금 피곤해 보였다. 내 나이쯤

되었을까? 여행으로 단련된 사라의 팔다리 근육이 예뻤다. 사라는 진심을 다해 내 이야기를 경청해주었고 조심스럽게 자신의 의견을 말하곤 했다. 몸에 밴 겸손이 근육보다 더 빛났다.

사라는 한 달 동안 내 영어 공부를 도와주며 무료로 게스트하우스에서 머물다 부산으로 가서 한국어 수업을 듣고 싶어 했다. 매일 오후에는 온라인으로 일본어 수업도 듣고 있었다. 마흔 해가 넘도록 살아도 모국어조차 서툰 나에게 4개 국어를 구사하는 그녀의 눈빛과 결의가 경이로웠다.

사라는 일본어 수업을 끝내고 나에게 영어를 가르쳐주었다. 이제 막 태어난 둘째 정의를 봐줄 사람이 없어 아이도 함께 영어 수업을 들었다. 수업 방식은 다양했다. 함께 영자신문을 읽거나 프리토킹을 하기도 하고, 영어 뉴스를 보고 토론을 하기도 했다. 서툰 나의 문장이 끝나면 사라가 오류를 지적해주었다. 그리고 사라가 만들어준 세련된 문장을 매끄럽게 말할 수 있을 때까지 반복했다.

수업이 끝나고 포대기를 풀어 정의를 사라에게 건네주었다. 사라는 아이를 보며 조용히 자장가를 불러주었다. 독일어라 어떤 내용인지는 모르지만 사라의 감미로운 목소리에 나까지 노곤해졌다.

문득 집에 있던《Love you forever》라는 자장가 영어책이 생각났다. 이제 갓 태어난 아이가 사춘기를 지나 성인이 될 때까지 엄마가 아이 방에 몰래 들어가 잠든 아이를 껴안고 같은 자장가를 불러주는 내용이다. 결혼을 하고 딸을 낳은 아들은 아픈 엄마를 만나러 갔지만 노쇠해진 엄마는 늘 불러주던 자장가를 끝내 마치지 못한다. 집으로 돌아온 아들은 자신의 딸에게 그 자장가를 불러주며 이야기가 끝난다. 반복되는 라임과 멜로디를 좋아해 곧잘 따라 부르던 정글이는 어느 날 갑자기 책이 너무 슬프다며 더 이상 읽어달라고 하지 않았다.

"Can you read this book to my baby?"
"sure."

사라는 천천히 책을 읽어주었다.

"I'll love you forever. I'll like you for always. As long as I'm living my baby you'll be."

나와 비슷한 울림을 가진 그녀의 목소리에 정의는 일찍 잠들었다. 공들여 읽어주는 책에는 사랑이 가득했다. 책의 글자들이 음표가 되어 공간을 메우는 듯했다. 이 순간을 영상으로 남겨 영원히 간직하고 싶었다. 사라에게 동의를 얻어 영상을 찍었다. 정글이에게도 들려주면 좋겠다는 생각이 들었다. 언제나 '한번 더'를 외치는 정글이를 위해 영상을 반복 편집해 한 시간짜리 영상으로 만들어 유튜브 계정에 저장했다.

　　그날 밤, 자려고 정글이와 누웠다. 역시나 아이는 등과 발목을 열 번 이상 긁어달라고 하고 전등을 열 번 넘게 껐다 켰다 했다. 어제와 같은 오늘이, 오늘과 같을 내일의 이 단조로움이 막막해 짧은 한숨을 몰아 쉬었다. 내 마음을 눈치챘는지 아이는 책을 읽어달라고 했다.

　　"오랜만에 엄마가《Love you forever》읽어줄까?"
　　"슬프지만. 알았어, 좋아."

　　제법 글이 많은 책이라 다섯 번쯤 읽자 슬슬 임계점에 도

167

달했다. 오후에 찍어두었던 영상이 생각나 보여주었다. 사라와 동생 정의가 등장하자 정글이는 깜짝 놀랐다.

"사라 선생님이 정글이한테 책 읽어주신대."
"정말?"

중간중간 정의의 옹알이 소리도 들리고 늘 엄마가 들려주던 이야기를 외국인 선생님이 들려주자 아이는 숨을 죽이고 사라의 목소리에 귀를 기울였다.

"정글아, 엄마는 너랑 이렇게 누워서 꼭 껴안고 있는 시간이 제일 좋아."
"엄마! 가슴 속에 하트가 너무 많아서 우유가 들어갈 자리가 없어."

늘 피곤하다는 말을 입에 달고 사느라 24시간 옆에 있으면서도 막상 해준 것이 없는데 언제 이렇게 자랐나 싶어 왈칵 눈물이 쏟아질 뻔했다. 아이는 어느새 잠들었고 영상을 끄고 나도 뒤따라 잠들었다.

친구들 이름부터
써봐

"엄마, 민들레는 한글로 어떻게 써?"

정글이가 길가에 핀 민들레를 보며 걷다가 불쑥 이렇게
물었다.

밥 먹다가, 쉬를 싸다가, 엄마를 기다리다가도 아이는 들
판의 민들레처럼 두서없이 널려 있는 책을 집어들었다. 아
직 한글을 모르는 아이는 혼자 책 속 그림을 보다 잠들기를
반복했다. 책 육아는 매일 꾸준히 해야 한다는데 애초에 글
러 먹었다. 한 달 내내 한 권도 안 읽어주다가 불현듯 불안

함에 내리 50권을 읽어준 날도 있었다.

나는 책 한 권을 다 공부하면 술 한 잔을 나눠 마셨다는 책거리에서 유래한 '떼기' 문화가 지겨웠다. 《수학의 정석》을 떼고 고등학교를 졸업해, 《재정국어》를 떼고 공무원이 되었다. 엄마가 되어 겨우 젖병과 기저귀 떼고 났더니 이제 한글을 떼라고 난리다. 난 완성되지도 않은 채 퇴화하는 건지 요즘 들어 머릿속 문장을 입 밖으로 내놓기도 힘든데 네 살 아이에게 한글을 가르쳐야 한다니. 그 시간을 최대한 유예하고 싶었다. 어차피 한국에서 유년기를 보내고 학교를 다닐 텐데 설마 그때까지 한글을 못 읽을까 싶었다.

하지만 이제 정말 아이가 직접 글을 쓰고 읽을 수 있게 한글을 가르쳐야 할 때가 온 것이다.

검색창에 '한글 떼기'를 치니 수많은 책과 블로거들의 글이 정렬되었다. 네 살인데도 책을 술술 읽고 따라 쓰는 아이들의 동영상도 뒤를 이었다. 불안해지고 싶지 않았으나 조급함에 플래시 카드를 사서 집 구석구석에 붙였다. 나도 '좋은 엄마' 대열에 합류한 듯해 뿌듯했다. 매끈한 질감과 원색 그림을 보며 정글이는 곧잘 따라 하는 것처럼 보였다. 딱 거기까지였다.

같이 소리 내어 읽는 행위가 동반되지 않는 지식의 전달은 의미가 없다는 것을 얼마 지나지 않아 알게 되었다. 반복해서 짚어가며 읽어주는 것은 오롯이 부모의 몫이었다. 냉장고를 열 때마다 읽어주고 아이의 관심을 유도하는 일은 꽤 버거웠다.

시간이 지나자 플래시 카드들은 요리하다 튄 양념으로 얼룩졌다. 선생님이 집으로 방문하는 학습지를 해볼까 갈등이 스쳤다. 한글을 안 떼고 초등학교에 보낼 수는 없고 돈으로 해결할 수 있다면 그렇게 하고 싶었다.

오이를 써는 내 바지를 잡고 아이는 어린이집에서 친구들과 있었던 일을 풀어냈다. 익숙한 이름과 낯선 이름이 섞여 도마 위로 쏟아졌다. 순간 아이디어가 번뜩였다.

"정글아, 친구들 이름을 써볼까?"

낙서로 얼룩진 벽지 위에 아이의 친구들 이름을 한 명씩 써주었다. 작은 시골 마을이라 한 반에 열 명이 채 안 된다. 선생님 이름도 썼다. 담임선생님, 연장반 선생님, 조리사 선

171

생님 이름으로 벽면을 채웠다. 모두 성도 다르고 배열도 달랐다. 발음할 때마다 사용하는 근육도 달랐다. 아이는 엄마 입에서 친구들과 선생님 이름이 반복해서 발음되는 것이 신기한 모양이었다.

다음 날부터 우리만의 한글 게시판은 효과를 발휘하기 시작했다. 어린이집 친구들은 모두 자기 이름이 써진 가방을 메고 와 자신의 이름이 써진 사물함에 정리한다. 하루에도 몇 번씩 사물함에서 양치 컵과 칫솔 등을 꺼내고 넣기를 반복한다. 정글이는 자신의 이름뿐만 아니라 친구들의 이름을 반복해서 바라보며 익혔다. 낮잠 이불에도 외출 모자에도 새겨져 있는 친구들의 이름을 찬찬히 살펴보고 주인을 찾아주기도 했다. 그리고 선생님은 하루에도 수십 번씩 아이들의 이름을 부른다. 정글이 눈에 친구들은 모두 같이 놀며 움직이는 플래시 카드였다.

어렴풋이 느낌으로만 정글이 친구들의 이름을 알던 남편도 우리의 대화에 낄 수 있었고 친구들의 이름과 얼굴을 모두 알게 되니 밀도 있는 대화가 가능해졌다. 점차 친구들의 특징과 성격도 이해하게 되었고 아이의 이야기가 더 재미있었다.

바깥놀이와 잦은 특별 활동에 정글이는 자주 코피를 쏟았다.

　"엄마, 오늘 코피가 났어."
　"정말? 많이 놀랐겠다. 에구구 내새끼."
　"응. 그런데…."

　말을 잇지 못하는 아이를 기다렸다.

　"코에 화장지를 끼우고 있었는데 연아가 비웃었어."

　소심한 아이는 그 순간 차마 풀어놓지 못한 감정과 말을 내 앞에서 눈물과 함께 쏟아냈다. 심장이 빨라졌지만 이내 안정을 찾고 그때 친구와 맞서지 않고 피한 건 현명했다며 칭찬해줬다. 아이가 제 몸과 마음을 좀 추스르고 상황으로부터 한걸음 멀어졌을 때 친구들의 이름을 한 명씩 불렀다.

　"그럼 희선이는?"
　"지연이는?"

아이는 울먹였지만 모두 선명하게 기억하고 있었다. 상기되었지만 상황을 객관적으로 묘사할 수 있는 힘은 가지고 있었다. 아이는 더 이상 흥분하지 않고 혼자서 한 명씩 친구들 이름을 꺼내 마음속으로 침잠하는 시간을 갖는 듯했다.

아이가 다섯 살이 되니 자기 주장도 강해지고 친구들과 말싸움도 하면서 아이의 그룹에도 서열이 생기는 듯했다. 우위에 서는 아이도 있었고 밀리는 아이도 보였다. 아이는 때로 누군가를 원망하기도 했고 탓하기도 했다.

나는 정상 궤도에서 이탈해 독립적인 세상을 꾸릴 만큼 소신도 없고 끝까지 밀어붙일 체력도 없었다. 이제 와 그들의 리그에 들어가고자 하니 사다리꼴의 맨 밑 부분이다. 아이는 소신 없이 흔들리는 내 옆에서 같이 흔들리는 것 같았다. 하지만 아이를 기다려주는 것만큼은 자신 있었다. 중국집 메뉴판을 보다가, 시내버스 종착지를 보다가, 플래카드를 보다가 정글이는 생각난 듯 친구들 이름을 꺼내고 그들과 특별한 추억을 풀어놓았다. 아이는 순식간에 녹음 짙은 느티나무 아래 어린이집 소풍의 현장으로, 가을날 도토리

줍던 숲 체험 현장으로 나를 인도했다. 식탁은 이야기들로 풍성해졌고 모든 식당과 길거리는 우리의 교실이 되었다.

이른 봄날 아이가 나를 흔들어 깨웠다. 전단지 속 슈퍼마켓에서 돼지고기 할인행사를 한단다. 아이가 무언가를 읽기 시작했다.

25센티미터의
기적

나는 언제나 짧은 머리가 익숙했다. 3~4개월에 한 번씩 미용실에서 파마를 하곤 했는데 둘째를 임신하고선 하기 힘들었다. 일단 두 시간 이상 첫째 아이를 봐줄 사람이 필요하고 배부른 자세로 오랫동안 앉아 있기 벅찼다. 머리를 길러서 묶는 게 낫겠다고 생각했다. 그렇게 몇 달이 지나다보니 머리카락 길이가 어깨를 넘고 쇄골을 넘었다. 머리를 감을 때 번거롭긴 했지만 가지런히 정열된 머리카락을 손가락으로 훑으면 해변의 고운 모래가 손가락 사이로 빠져나가는 듯한 기분이 들었다.

정글이도 머리가 길었다. 배냇머리부터 기른 머리카락이 정글이 허리춤에 닿았다. 돌 무렵 주변 어르신들은 한결같이 새 머리카락을 위해 한번 밀어주라고 했다. 첫 번째 생일이 지나자 아이에게도 취향이라는 게 생겼고 거울에 비친 자신의 민머리를 좋아하지 않을 것 같아 굳이 머리를 밀지 않았다. 라푼젤과 인어공주를 동경하는 아이에게 그들처럼 큼지막한 눈은 만들어줄 수 없지만 긴 머리카락은 만들어주고 싶었다. 그렇게 별생각 없이 5년을 기른 머리카락이 여름을 나면서 한계가 오기 시작했다.

이제 어린이집 낮잠 시간도 없어졌고 요일별 특별 활동과 야외 활동이 잦았다. 정글이는 뛰어노느라 매일 땀에 젖었고 긴 머리카락을 감기고 말리는 과정이 녹록지 않았다. 게다가 배밀이를 시작한 둘째도 항상 예의주시해야 했기에 관리하기가 벅찼다.

"수건 좀 더 주실 수 있나요?"

"방에 벌이 들어왔어요. 잡아주세요."

"에어컨이 안 되는데 한번 봐주세요."

"화장실에 물이 잘 안 내려가요."

손님들은 새벽 2시에도 나를 찾았다. 나의 의지와 상관없이 하루가 바삐 흘러갔다.

오전부터 정신없던 날, 아이의 긴 머리를 묶어주지 못했더니 등원하면서 이미 머리카락이 땀에 젖어 미역처럼 얼굴에 달라붙었다. 이제 머리를 자를 때가 되었다는 걸 직감했다. 이왕 자를 거 어디 기부할 데가 없을까 검색하다 '어머나 운동본부'를 알게 되었다. 어머나는 '어린 암환자를 위한 머리카락 나눔'을 줄인 말로 기부한 머리카락으로 어린 암환자들에게 맞춤형 가발을 무상으로 제공하는 곳이다. 머리카락 길이가 25센티미터 이상, 30가닥 이상이면 기부할 수 있고, 가공을 기본으로 하기 때문에 염색, 파마한 모발도 기부가 가능했다. 임신과 출산을 거치며 자연인에 가까운 내 머리카락도 어느새 가슴께에 닿아 있었다. 정글이가 동의한다면 같이 기부하고 싶었다.

머리카락에 큰 애착이 있는 것도 아니고 도움이 될 수 있다면 좋겠다 싶었다. 돈이나 시간 말고도 다양한 형태로 기부할 수 있음을, 타인을 도울 수 있음을 정글이에게도 알려주고 싶었다. 아직 정글이는 그저 엄마의 머리카락을 자로 재는 행위 자체에 재미를 느끼는 것 같았다. 정글이에게 기

최소한의 육아

부의 의미에 대해 알려주고 머리를 자르고 난 뒤 치러야 하는 기다림과 후회가 얼마나 혹독한지, 어떤 장단점이 있는지 몇 번이나 반복해서 말해주었다.

"알았다니까 엄마. 난 기부하기로 결정했어."

정글이는 여름날의 분수처럼 말을 통통 뱉어내더니 너무도 당당하게 앞서 미용실로 걸어갔다.

고무줄로 머리카락을 묶은 후 잘라 달라고 요청했다. 한 달 넘게 반복했던 설명이 무색할 만큼 10분 만에 머리카락은 잘렸고, 정글이의 턱선이 드러났다. 아이는 대담한 척하려 했으나 생전 처음 마주하는 짧은 머리를 낯설어했다. 짧아진 머리카락도, 곁눈질하는 모습도 사랑스러워 동영상으로 담았다.

"엄마! 머리카락 기부는 여자만 할 수 있어?"
"아니, 머리카락과 사랑을 갖고 있는 모든 사람이 다 할 수 있지."

뭔가 억울했던 걸까? 머리카락을 자른 아이의 첫 번째 질문은 다소 의아했다.

자른 머리카락을 미리 준비한 우편봉투에 담아 어머나 운동본부로 발송했다. 한동안 잊고 지내다가 문득 생각나 홈페이지에 들어갔더니 모발 기부 영수증 발급이 가능했다. 출력해서 벽에 걸어둘까 하다 그만뒀다. 반복되는 일상 속에서 굵은 나이테가 될 만한 일이지만 칭찬이나 특별한 행위로 아이에게 부담을 주고 싶지 않았다.

나는 내 아이들이 지극히 평범하게 살았으면 좋겠다. 또래보다 공부를 잘해 선생님들의 칭찬과 집중을 받지 않았으면 좋겠다. 타인의 칭찬이 없어도 괜찮다는 것은 내가 가르쳐주면 된다. '착하다'는 말로 양보와 배려를 종용하고 싶지 않다. '똑똑하다'는 칭찬으로 우월감을 느끼게 하고 싶지 않다. '뭐든지 잘하는구나'라는 칭찬은 되도록 피한다. 뭐든지 잘하는 사람은 없고 그런 사람이 되기 위해 아이가 지나치게 노력하지 않았으면 한다.

아이들 인생이니 하고 싶은 대로 살겠지만 기억할 만한 문장이나 그림이 있다면 타투도 하고 연애도 자유롭게 하면서 실컷 즐기며 살았으면 좋겠다. 자유롭게 여행하며 이곳저곳 방황하다 심장이 울컥울컥하는 행복한 순간을 찾아내고 그것을 온전히 품기 위해 필요한 것을 탐험할 것이다. 영어일 수도, 운동일 수도, 조심스러운 사랑고백일 수도 있겠지. 다만 부자 나라에서 태어난 우월감에서 비롯된 것이 아닌, 인류애는 가지고 있었으면 좋겠다.

정글이가 어른이 되어서도 2년마다 만나 머리카락을 자르기로 약속했다. 25센티미터 안에 담긴 서로의 지난 시간을 함께 나누기로 했다.

우리는
마음이 부자야

노을을 등진 해녀가 거친 숨을 몰아쉬는 모습을 볼 수 있는 제주 온평 바다. 바다를 중심으로 현란한 네온사인도, 화려한 리조트도 없고, 바가지 요금도, 호객 행위도 없었다. 가을의 햇살과 깊이를 알 수 없는 바다가 버무려져 할 일 없는 여행자에게 '하루만 더'를 외치도록 유혹했다.

제주의 밤은 육지보다 이르고 깊었다. 대부분의 식당에서 마지막 주문을 오후 5시 반에 받으니 때를 놓치면 저녁 식사를 해결하기가 쉽지 않았다. 오가며 제법 늦게까지 불이 켜져 있던 식당을 찾아왔는데 간판에 불이 꺼져 있었다.

하필 휴일에 찾아온 모양이다. 안에서 새어나오는 희미한 불빛에 혹시나 싶어 정글이와 기웃거리니 사장님으로 보이는 여인이 문을 열고 나왔다.

"밥 먹으러 왔어요?"

"네, 쉬는 날이세요?"

"네."

뒤돌아 걸음을 재촉하는 내 뒤통수를 그녀가 붙잡는다.

"이리 와 앉아요. 간단한 밥은 챙겨줄 수 있어요."

이미 칠흑처럼 어두워진 저녁, 정글이를 생각하면 들어가 앉고 싶었다. 보아하니 주방 불 하나만 희미하게 켜놓고 가까운 친구와 술 한 잔 기울이고 있는 눈치였다. 그 분위기를 깨고 싶지 않았다. 우리가 들어가면 우리를 위해 탁탁탁 스위치를 켜 모든 불을 밝힐 것이고 흐트러져 있는 테이블을 서둘러 정리해야 할 것이다. 불콰하게 물든 그녀의 볼도 사라지겠지.

"아니에요. 괜찮아요."

더 머뭇거리면 서로 미안함만 커질 것 같아 도망치듯 서둘러 자리를 피했다. 타인에게 베푸는 주인장의 온기에 나도 볼이 물들었다.

다음 날 저녁, 다시 정글이와 그 식당을 찾았다. 역시나 식당은 여행객들보다는 하루 일과를 마치고 찾아온 현지인들이 더 많았다. 간간이 제 키만 한 배낭을 멘 올레족도 보였다. 오랜 시간 만나온 듯한 손님들과 주인장의 대화가 좋았다. 간만에 양념장 착착 넣고 쌈을 먹고 싶어서 우렁쌈 정식과 고등어구이를 주문했다. 차례로 테이블을 채우는 밑반찬이 정갈하고 깔끔했다. 특히나 아삭아삭한 매실장아찌는 봄날의 매화꽃을 연상케 했다. 따로 챙겨준 유아 식기와 바삭하게 구운 김을 보자 한껏 흥이 오른 정글이가 콧노래를 부르며 숟가락을 들었다.

"아이가 뭘 좋아할지 몰라 달걀로 해봤어요."

달궈진 주물 판에 검은깨와 파를 고명으로 올린 달걀 프라이에서 연신 하얀 김이 뿜어 나왔다. 객지에서 뜻밖에 받은 친절과 배려에 마음이 훅 데워졌다. 고등어는 얼마나 신선한지 육즙으로 촉촉했고 비린내도 나지 않았다. 아직 물기가 남아 있는 신선한 쌈 채소에 갓 지은 밥을 한 술 얹고 그 위에 우렁쌈장을 듬뿍 올렸다. 전체적으로 간이 슴슴해 쌈장을 듬뿍 담아도 짜지 않았다. 입 안에서 밥알과 우렁, 된장이 만나 가을 들녘 허수아비들처럼 함께 춤을 추었다.

기분 좋게 먹고 계산을 하면서 "감사히 잘 먹었어요" 하고 인사를 하니 "잘 먹었습니다" 하며 정글이도 따라 인사를 했다.

"고마워요. 또 와요."

정글이와 나를 한 번씩 바라보는 주인장의 눈빛이 참 따뜻했다. 융숭한 반찬과 따뜻한 배려에 밥값이 너무나 적게 느껴지는 곳이었다. 주인장은 바쁜 저녁시간인데도 정글이를 위해 출입문을 열어주고 우리 걸음을 따라 밖으로 나왔다. 한참 걷다가 뒤를 돌아보니 그 자리에서 손을 흔들어주다 다시 일상으로 들어갔다.

금세 더 짙어진 어둠 속에서 천천히 차에 시동을 켜며 아이에게 물었다.

"정글아, 엄청 맛있었다. 그치?"
"응, 엄마! 우린 부자인 거 같아."
"왜 그렇게 생각했어?"
"마음이 부자야. 그래서 우리는 부자야."

아이의 따스한 말에 뭐라고 말해야 할지 몰라 그저 어둠을 밝히는 전조등 불빛만 응시했다.

게스트하우스 손님들의 체크인이 늦어지는 날이면 나도 아이도 잠을 잘 이루지 못한다. 피곤하니 놀아 달라는 아이에게 동영상만 틀어주었다. 방음 약한 오래된 건물이라 울지도 뛰지도 못하게 했다. 혼자 놀다 잠든 아이를 물끄러미 바라볼 때마다 죄책감이 몰려왔지만 다음 날도 크게 다르지 않았다.

아이와 어떻게 놀아줘야 할지 몰라 단둘이 남겨지는 시간이 어색하고 불편할 때도 있었다. 육아서를 읽어봐도 급한 상황에서는 머릿속이 하얘지면서 짜증만 났다. 아이가 그런 나를 부자라고 말하고 있었다.

　가을밤 공기가 제법 차가웠지만 아이에게 풀벌레 소리를 들려주고 싶었다. 아이는 손가락 끝에 침을 묻히더니 천천히 차 밖으로 손가락을 내밀었다. 바람을 느끼고 싶을 때 해보라며 내가 알려줬던 방법이다. 아이는 바람과 풀벌레 소리를 느끼며 내 목을 감싸 안았다. 천천히 운전하며 가을밤을 달렸다.

　사람들은 내리사랑만 존재한다고 하지만 유일하게 치사랑이 존재하는 시간, 아이의 눈빛과 웃음을 가슴에 새겼다.

PART 3

쉽게 행복해지는 사람,
나는 엄마입니다

내 아이를 진정으로 사랑하는 법은
바로 나를 먼저 사랑하는 것이었다.

나만 안 하나,
미러클 모닝

10년 전 유행했던 '아침형 인간'이 상업적 입김을 쐬고 '미러클 모닝(miracle morning)'으로 다시 나타났다. 과거엔 알람과의 싸움을 상징했으나 미러클 모닝은 인스타그램이나 블로그로 새벽 인증, 해시태그로 동참하는 문화로 발전했다.

나도 동참했다. 새벽 5시에 일어나 운동하고 글을 쓰고 외국어를 공부했다. 긍정적인 확언을 외우고, 명상을 하고, 누가 시키지도 않은 촘촘한 아침 일정을 소화하며 오렌지 빛 미래를 꿈꿨다. 평생 타인과 조율하고 눈치 보며 직장 생활을 했는데 내 시간을 효율적으로 쓰기 위해 타인과 또 조율한다는 것이 우스웠지만 누군가가 생산자가 되어 이끄는 모임에 꼬박꼬박 5만 원을 투척했다.

아이 둘을 키우며 대단해!
매일 새벽에 일어나다니 정말 부지런하다

호기롭게 시작했지만 보이지 않는 누군가에게 인정을 받으려는 욕구로 내 삶은 좀먹고 있었고, 목적 없는 부지런함으로 피곤에 찌들어갔다. 빠르게 변하는 흐름에 스스로를 맞출 것을 강요당하는 사회 속에서 나의 성장까지 누군가의 틀에 맞춰야 한다는 사실이 서글펐다. 아침에 일어나는 일조차 나 혼자서 못하나 싶었다.

저녁 7시. 계속 놀겠다는 아이를 억지로 이불 위에 눕혔다. 순식간에 묵직한 공기가 나를 에워싸더니 눈꺼풀이 힘없이 내려앉는다. 그러나 아이들 숨소리가 규칙적으로 바뀌면 나도 모르게 눈이 떠지고 몸이 벌떡 일어나졌다. 모두다 잠든 고요가 좋아 진하게 커피믹스 두 봉지를 뜯어 잠을 쫓았다. 글을 쓰고 책을 읽고 음악을 들었다. 하고 싶은 일

최소한의 육아

이 생기면 시간을 확보하기 위해 잠부터 줄였다. 잠이 가장 만만했다.

밤 10시. 새벽에 일어나려면 지금 잠들어야 한다. 냉장고를 열어보니 먹다 남은 곱창볶음과 맥주 캔 하나가 눈에 띄었다. 잠시 갈등했으나 소리 죽여 냄비를 꺼냈다. 곱창볶음에 고추장을 더 풀어 뜨겁게 식도를 지졌다. 매운 곱창과 차가운 맥주는 나의 외로움과 정서적 갈증을 모두 끌어안고 위장으로 사라졌다. '혼자 마시는 맥주'만큼 빠르게 행복의 궤도에 도달하게 하는 게 있을까 싶다.

밤 12시. 곱창도 다 먹었고 맥주도 비웠다. 진짜 자야 했으나 커피와 맥주를 연거푸 마셨더니 정신이 갈수록 더 또렷해졌다. 억지로 누워 한참 동안 유튜브를 보다 겨우 잠들었다.

새벽 5시. 참가비 5만 원이 아까워 겨우 일어났다. 정신이 몽롱해 생산적인 일에 집중할 수 없었다. SNS, 이메일, 유튜브를 차례대로 확인하며 소모적인 시간을 보냈다. 밤

잠이 모자르니 낮잠을 더 많이 잤고 효율은 떨어졌다. 자도 자도 피곤했고 몸이 늘어졌다.

- 30분 거리에 아이를 맡길 수 있는 부모님이 살고 계실 것
- 남편이 주 3회 이상 6시 정시 퇴근이 가능할 것
- 엄마가 30대 중반이거나 그 정도 체력을 갖고 있을 것

맘카페에서 흔히들 말하는 둘째를 낳기 위한 조건이다. 엄마의 체력만 된다면 육아의 반은 이미 성공한 것이라고 했다. 하긴 지구상에 체력이 기본 아닌 것이 있을까. 필요 이상으로 오래 자고 난 후의 묵직함을 좋아하는 편도 아니었으나 아침에 몸을 일으켜 세우는 일은 매번 힘들었다.

절대적인 수면 시간이 부족하니 매사 무기력하고 쉽게 화를 내고 판단력이 떨어졌다. 마음이 느긋해야 육아가 편하다는데 체력이 부족하니 정신력은 어림없었다. 잠을 푹 자면 아이가 떼를 써도 어금니 악물고 넘어갈 텐데 그렇지 않은 날은 정글이가 밥 먹으며 흘린 밥알 몇 개조차도 견디기 힘들었다. 물론 아이를 재우다 같이 잠드는 날도 많다. 그러면 다음 날 몸은 가뿐했지만 그 시간에 하고 싶었던 일

과 읽으려 했던 책이 생각나 허무했다.

다시 밤. 아이들을 겨우 재우고 침실을 빠져나와 조용히 커피를 타고 노트북을 켰다. 종일 정의를 업고 종종거리던 시간들이 어둠 속으로 조용히 가라앉았다. 지난 시간들을 복기하며 글로 기록하고 날개 뼈가 축축하게 젖을 만큼 맨손 체조를 했다.

누구에게나 주어지는 24시간을 효율적이고 알차게 쓰는 게 미러클 모닝의 본질일 텐데 그저 새벽에 일어나면 모든 것이 해결될 거라 생각했다. 일찍 일어나는 것만으로 시간을 허투루 쓰지 않음을 증명하고 싶었다.

과거의 노력이 흩어져 사라져버리는 것 같지만 어느 순간 유기적으로 연결되어 파노라마처럼 펼쳐질 때가 있다. 밤이든 새벽이든 언제가 중요한 것이 아니라 내 라이프스타일에 맞춰 시간을 어떻게 하루하루 유용하게 사용하는가가 더 중요하다는 것을 그 뒤로도 몇 달 동안 미러클 모닝 참가비 5만 원을 내고서야 깨달았다. 잠자는 시간은 다른 일을 하기 위해 언제든지 양보할 수 있는 여분의 시간이 아니었다. 나는 그걸 마흔이 넘어서 알게 되었다.

냉장고 진동 소리만 남은 깊은 밤, 모니터를 응시하다 아이 옆에 누웠다. 그놈의 미러클 모닝 좀 안 하면 어떠랴. 평생을 소비자로 살아온 내가 온몸이 찢어지는 고통의 강을 건너 생명을 만들어낸 생산자로 살고 있다는 사실이 진짜 미러클이다.

엄마도
엄마가 있어

그날 그 식당엔 손님이 나밖에 없었다. 주인으로 보이는 아주머니는 통유리창을 마주하고 혼자 김밥을 싸고 있었고 나는 어느 식당을 가든 실패 없는 김치볶음밥을 주문해 먹고 있었다. 다소 기름기가 많았지만 적당히 익은 김치가, 적당히 익힌 달걀 프라이가 좋았다.

그때였다.

"××! 그래서 어떻게 하겠다는 거야?"

197

주인 아주머니의 남편으로 보이는 남자가 테이블과 의자를 동시에 걷어찼으나 헛발질이었다. 잘못 들은 건가 싶었는데 아주머니 이마 위로 툭툭 불거지는 힘줄이 내가 잘못 들은 게 아님을 증명하고 있었다. 무심히 김밥을 싸는 아주머니의 손이 떨리는 게 보였다. 남자는 한 번 더 욕지거리를 아주머니의 등에 뱉어냈다. 몇 개 안 되는 테이블, 지독하게 작은 공간에서 그냥 나가야 하나, 못 들은 척 숟가락질을 계속해야 하나 갈등하던 차에 어색한 공간을 박차고 나간 것은 우리 셋 중 아주머니의 남편이었다.

이제 와서 나가기도 그렇고 아무것도 못 들은 것처럼 숟가락질을 계속하고 있자니 엄마가 생각났다. 아빠도 항상 그랬다. 화를 쉽게 다스리지 못했고 쉽게 욕을 뱉곤 했다. 그 대상은 언제나 만만한 엄마였고 때론 나일 때도, 오빠일 때도 있었다.

부모님이 싸우던 장면은 지금도 생생하게 기억한다. 유난히 부모님의 싸움이 크고 길었던 밤, 할머니 등에 업혀 빼꼼히 훔쳐보았더니 엄마가 혼수로 갖고 왔다는 사기 요강이 마당에서 뒹굴고 있었고 엄마는 무릎에 얼굴을 묻고 울고 계셨다. 행복했던 기억은 쉽게 잊어버리는데 왜 그런 기억은 그리 선명한지 모르겠다. 나보다 세 살 많은 오빠는 더 많은 것을 기억하겠지.

10대의 나는 사람들과 쉽게 어울리지 못했고 불안한 마음을 들킬까 봐 가식적으로 크게 웃었다. 남들에게 보여지는 삶에 집중하다 보니 집에 돌아오면 쓰러지다시피 잠들었다. 타인과 인연을 맺는 행위가 곡예를 부리듯 억지스럽고 어려웠다. 결국 나는 고등학교 때 집을 떠나 기숙사 생활을 했고, 대학생이 되어서도 통학 대신 자취를 선택했다.

애정의 언어가 없는 메마른 공간에 엄마만 남겨두고 도망치듯 나왔다. 이따금씩 선심 쓰듯 집에 가면 마당에 핀 수국 그림자 아래 엄마는 무척 고단해 보였다.

나는 어렸을 때부터 기관지가 약했던 터라 환절기면 감기를 달고 살았고 한 번 시작된 기침은 쉽게 잦아들지 않았다. 지금도 가끔씩 기침이 격해질 때가 있다. 이럴 때는 물 한 모금 마시면 가라앉을 텐데. 아이가 목이 마르다고 하면 자다가도 벌떡 일어나고 아이의 토사물을 맨손으로 받아내는데 나를 위해 일어나 물을 마시러 가는 길은 하염없이 귀찮게 느껴진다.

얼마 전 엄마는 내 기침 증상을 고치는 데 애벌레가 잔뜩 들어 있는 말벌집이 좋다는 얘기를 어디서 들으신 모양이다. 오랜만에 집에 가니 배, 도라지, 호박, 말벌집을 통째로 넣고 한 솥 끓여 먹기 좋게 파우치에 포장해 놓으셨다. 하루 종일 좁은 마당에서 종종거렸을 엄마의 동선이 그려져 가슴이 먹먹했지만 모르는 척했다.

"지혜야, 재밌는 얘기 하나 해줄까?"

"…."

"산에 고사리를 뜯으러 갔는데 나무에 벌집 큰 놈이 매달려 있는 거여. 멀찍이서 보니게 굵은 새끼들이 구물구물하더라. 집에서 모기장 갖고 와서 얼굴에 뒤집어쓰고 나무를 탈라고 했지. 근데 나무 밑에 큰 소똥 덩어리가 하나 있는 거여. 뭔 소똥이 이런 곳에 있나 발로 밟으려다가 혹시나 싶은 거여. 자세히 봉게 소똥이 아니라 독사 굵은 놈이 똬리를 틀고 있더라고."

웃긴 얘기라더니 간담이 서늘했다. 엄마는 모기장을 뒤집어쓴 데다 얼굴이 땀으로 얼룩져 앞이 잘 안 보였나 보다.

독기 품은 독사를 밟았으면 어떻게 됐을지 상상만 해도 아찔했다.

내가 아이에게 젖을 먹이는 동안 무릎 밑에 담요를 넣어 높이를 맞춰주고, 젖가슴을 가려주고, 같이 얘기해주는 사람. 텃밭에서 금방 뜯은 상추에 갓 짠 들기름을 듬뿍 넣어 겉절이를 해주는 사람. 아침에 더 자라고, 낮잠 한숨 자라고 아이를 데리고 나가 놀아주는 사람. 나와 내 남편, 내 아이들을 위해 다 해주면서도 시종일관 눈치를 보는 사람. 나는 온종일 내 새끼 챙기느라 정신없고 엄마는 당신 딸 챙기느라 정신이 없었다.

엄마의 노쇠한 눈빛과 핏줄만 선명하게 자리 잡은 손등, 작년보다 더 굽은 허리에 짜증이 났다가 미안했다가 마음이 시리다.

둘째 정의를 업고 오르는 아침 등산길, 익어가는 산딸기 몇 알이 눈에 띄었다. 아직 자고 있을 정글이가 생각나 인적 드문 산길에 발을 디디고 손을 뻗었다. 조금만 더 손을 뻗으면 검붉은 열매에 닿을 것 같았다. 한 발자국 앞으로 내딛자 삽시간에 형태를 알 수 없는 것이 초록 잎들을 헝클며 지나갔다. 심장이 쪼그라들어 그 자리에 박제되었다가 뒷걸음 쳤다. 주인을 만나지 못한 산딸기는 다시 그 자리에 남았다.

나는 아직 멀었다.

SNS에
불행은 없어

 오랫동안 그림책 육아로 엄마들의 사랑을 받아온 인스타그램 이웃 중 한 명이 딸의 서울대 합격 소식을 전했다. 그녀는 그저 아이가 학원에 가는 것보다 집에서 그림책 보는 것을 좋아해 사교육 대신 그림책 육아를 했던 것인데 결과가 최종 입시로 귀결되는 것처럼 보일까 합격 소식을 한참이나 뒤에 알렸다고 했다. 그녀가 집필한 생활 놀이 책들을 꽤 재미있게 읽은 터라 딸의 합격 소식에 함께 흥분하고 공감했다.

 나는 좋은 그림책 추천 목록과 집콕놀이 등 나만 모르는 고급 정보들이 넘쳐나는 작은 사각형 안으로 또 쉽게 접속했다.

남편이 남자친구였던 때, 결혼 얘기가 오갔으나 아득한 방황을 끝내고 이제 막 공무원 시험에 합격해 발령을 받았으니 결혼식을 올릴 돈이 없었다. 함께 머물다 헤어지지 않아도 되는 것은 유쾌했으나 그 시작을 알리는 결혼이라는 행위가 귀찮고 번잡하게 느껴졌다. 장소와 시간을 맞추고, 계획을 조율하고 청첩장과 전화로 소식을 알리고 준비하는 일련의 과정은 고스란히 우리 둘의 몫이었다. 그 안에서 발생하는 시간적 금전적 소모와 갈등을 받아들일 준비가 우리 둘 다 안 되어 있었다.

"그냥 아무것도 하지 말고 혼인 신고만 하자."

무심히 내뱉은 문장은 현실이 되었고 남편은 옷 몇 벌과 간소한 짐만 들고 내가 살던 13평 자취방으로 이사했다. 결혼식을 생략하면서 경제적으로 여유가 생겼고 허전함과 결핍을 뭔가 그럴듯한 행위로 포장하고 싶었다.

짧은 논의 끝에 우리는 아프리카 우간다의 한 마을에 우물을 선물하기로 했다. 물리적 소요 비용은 500만 원 정도였는데 우물의 영구 사용을 위해 관리인을 고용하고, 정기적인 교육과 관리를 하려면 1000만 원 정도가 필요하다고 했다. 우리는 기분 좋게 쾌척했고 우리 사진이 국제구호기관 월간지의 한 꼭지를 장식했다. 결혼식 대신 에너지와 돈을 비축하고, 적당히 세간의 화제가 되었으니 뭔가 신념이 있어 보이는 척할 수 있었다. 만약 기부한 걸 아무도 모르게 했다면 어땠을까?

어쩌다 여행이라도 떠나면 SNS에 자랑하느라 휴대전화를 내려놓지 못했다. 이국적 풍경 안에서 온 가족이 행복해 보이는 장면을 연출해서 사진을 찍어 올리며 욕심 없이, 조급함 없이 육아 시간을 즐기고 있는 듯한 단어 몇 개를 배열했다. 좋아요와 여행지 정보를 묻는 댓글이 실시간으로 달렸다. 순식간에 나는 정보를 가진 자가 되어 비밀 쪽지에 답하며 우쭐거렸다. 댓글에 다시 대댓글을 다느라 또 휴대전화를 내려놓지 못했고 자꾸 뒤처지는 나를 기다리느라 남편과 아이는 걸음을 멈추곤 했다.

나는 아이 옆에 있어주는 이상적인 엄마가 되고 싶어 직장을 포기했고, 여행이 너무 하고 싶어 게스트하우스를 시작했다. 만만하게 시작한 게스트하우스 일은 해도 티가 나지 않는 청소의 연속이었고 집은 늘 어지러웠다. 나는 그저 아이 옆에만 있어줄 뿐 늘 다른 곳을 바라보는 엄마였다.

집으로 올라가는 계단에서 가위바위보를 하자는 아이에게 그냥 가자고 설득했다. 마침 휴대전화가 진동하며 SNS의 댓글을 알렸다.

이렇게 잘 놀아주는 엄마를 둬서 정글이는 좋겠다

SNS의 작은 사각형 속 나는 정글이와 초록빛 신록 속에서 신나게 뛰어놀고 있었다.

아이는 알록달록한 채소가 싫다며 아침부터 국수를 삶아달라고 했는데 나는 기어이 브로콜리를 데치고 썰어 식판에 담았다. 아이의 의사는 상관없었다. 딱 한 입만 아주 천천히, 사진이 흔들리지 않게 먹어주면 된다.

무언가가 가지고 싶을 때 나는 이미 그걸 가진 사람들이 부러웠다. 뒤처진다는 것이 묘하게 기분이 나빴다. 이럴 때마다 질투의 힘으로 견뎠다. 공시생 시절은 공무원들을 질투하는 힘으로, 난임 병원에 다니던 시절에는 엄마들을 부러워하면서 살았다. 지극히 평범한 것들을 나만 갖지 못했다는 사실 때문에 한없이 우울하고 조급했다.

물론 나도 알고 있다. SNS에 올린 사진은 내가 그랬듯 수많은 우울한 순간 중 각색된 일부분이다. 남편과 밑바닥을 드러내며 싸우는 순간에, 아이가 징징대며 밥을 뱉어내는 순간에 카메라를 집어 드는 사람은 없다. 사진을 찍기 위해 휴대전화를 들었다는 것은 이미 일상과는 다른 공간에 들어와 있다는 것을 의미한다.

아이를 어린이집 선생님 손에 인도하자마자 할 일 목록은 사라지고 SNS를 들여다본다. 시간 가는 줄 모르고 보다 부러움과 질투가 교차되며 찾아들었고, 자책과 열등감을 느끼면서도 쉽게 휴대전화를 놓지 못했다.

행복해야 한다는 욕심이 오히려 나를 불행하게 하는 것 같았다. 행복을 좇다보니 치열하게, 여백 없이 살아야 할 것 같았다. 정작 현실은 힘들고 빠르게 소진되는 청춘에 불안과 우울이 급습하지만 행복하지 않은 엄마, 육아의 기쁨을 알지 못하는 엄마의 육아는 실패한 것이라고 SNS 속 사진들이 말하고 있었다. 실체 없이 손에 잡히지 않는 것을 행복이라는 말로 포장해 놓고 즐기라고 하니 답답하고 초조했다.

시소를 타고 있는 아이를 기다리며 잠깐 본다는 것이, 약국에서 내 이름을 불러주길 기다리며 잠깐 본다는 것이 또 시간이 한참 지났나 보다. 불러도 대답 없는 엄마에게 실망한 아이는 옆에 앉아 혼자 시간을 보내고 있었다.

그날 휴대전화에서 앱을 지워버렸다. 삼라만상이 순식간에 발 아래로 사라졌다.

최소한의 육아

세상의
오지라퍼들에게

"하나 더 낳아야지."

"키울 때 둘째도 낳아서 같이 키우면 좋은데….."

사람들은 난임 부부의 가슴에 대못을 박는 말들을 길 한
복판에서 서슴없이 내뱉는다. 뭐 여기까지는 인사치레라고
생각할 수 있겠다. 둘째 임신 후에는 이런 말을 들었다.

"남의 집에 시집갔으면 아들 하나 낳아야지."

"둘째도 딸이야? 큰일 났네."

"이렇게 터울 저서 어떡해. 키울 때 같이 빨리빨리 키우면 좋은데."

육아도 레이스, 경쟁이 되는 한국 사회에서 나의 늦은 육아를, 터울 진 자매를 향해 한마디씩 던진다. 부아가 치밀어 오르지만 80을 바라보는 동네 어르신들과 입씨름해서 뭐하나 싶기도 하고 그런 선택과 수용이 당연했던 그들의 삶에 적잖은 애도를 표하고 돌아섰다. 되도록 안 마주치고 싶지만 인구 3만 명도 안 되는 좁은 단양에서는 이런 분들을 수시로 만난다. 어르신의 입술이 떨어지기 전에 간단한 눈인사를 하고 재빠르게 걸어가는 내 뒤통수에 끝내 일격을 가한다.

"근데 애미 얼굴이 왜 이렇게 까매?"

우리 집 피임과 자녀계획까지 진두지휘하더니 나의 외모까지 신경 쓰고 싶으신가 보다. 지난한 시험관을 거치며 울만큼 울어서 눈물이 다 말라버렸다 생각했는데 울분은 화수분처럼 또 생겨나곤 했다. 신경 쓰고 싶지 않았으나 집으로 돌아와 거울 앞에서 외모를 가다듬고 선크림을 바르는 내 자신이 좀 우스웠다.

정글이가 두 돌이 되어갈 무렵, 지금은 이유도 생각나지 않는 일로 남편과 냉전 중이었다. 정글이는 밥만 먹으면 잠드는 순둥이였고, 코로나 전이라 게스트하우스도 호황이라 청소 인력도 쓰고, 만사가 태평했건만 뭐가 그렇게 힘들어 자주 싸웠는지 모르겠다.

그날따라 아는 언니가 지나가는 길에 게스트하우스에 들려 1층에서 얘기를 하고 있었다. 한참 수다에 빠지다보니 남편과의 묵직한 싸움과 정글이의 존재를 잊고 있었다. 전화가 울려 발신인을 보니 남편이었다. 뭔가 큰 문제가 생긴 것 같아 전화를 받는 대신 집으로 뛰쳐 올라갔다. 직감이 맞았다. 정글이 손에서 흘러나온 눅진한 피가 아무렇게나 펼쳐진 이불과 수건을 물들이고 있었다.

부모의 돈에 욕심내지 않고 독립하여 조용히 사는 것. 그것이 효도의 시작이자 끝이라 생각하는 내 가치관에 의하면 남남이나 마찬가지인 남편의 5촌 당숙이 며칠 동안 새 족보를 만들자며 끈질기게 전화를 걸어왔던 모양이다. 남편이 이곳 공무원이라는 이유로 말이다. 있던 족보도 의미를 상실하는 시대에 돈과 시간을 긁어모아 족보를 만들다니 당최 이해가 되지 않았다.

아내와 엉킨 감정과 받기 싫은 전화에 끌려다니느라 짜증이 머리끝까지 치솟았던 남편 옆에서 정글이가 깨진 그릇으로 놀고 있었나 보다. 결혼식도 생략한 데다 새 물건을 거의 사지 않는 나를 위해 고향 친구가 큰맘 먹고 보내준 다기 세트의 다관이었다. 설거지를 하다가 놓쳐서 깨트리고 말았는데 너무 아까워 버리지 못했다. 깨진 그릇은 정글이의 검지를 훑고 지나갔고 검붉은 피가 방바닥을, 정글이 손바닥을 물들였다.

그 짧은 순간에도 나는 정글이 옆에 있었으면서 그 지경으로 만든 남편을 힐난했고, 남편은 깨진 물건을 버리지 않은 나를 질타했다. 증오와 원망의 눈빛이 독화살이 되어 서로를 겨냥한 순간, 정글이의 울음소리가 우리를 깨웠다. 나는 담요로 정글이를 둘둘 말고 병원으로 달렸다.

진눈깨비가 휘날리고 있었다. 소용돌이치는 감정 속에서 눈물이 났다. 하지만 정신을 차려야 했다. 피 흘리는 정글이를 껴안고 신호등 앞에서 기다리는데 동네 어르신이 지나갔다.

"애기 양말은 신겨서 나와야지!"

"아…."

"왜 이렇게 춥게 입고 나왔어?"

어르신은 아무 말 없는 나의 얇은 외투 속으로 손을 집어넣어 두께를 가늠했다. 이 동네를 떠나고 싶다는 생각이 순간 일렁였다.

다행히 작은 동네라 병원에서는 긴 기다림 없이 지혈과 소독 후 몇 바늘을 꿰맸다. 아직도 정글이 손가락의 울퉁불퉁한 흉터를 쓰다듬다 보면 그날의 추위가, 남편의 눈빛이, 정글이의 울음소리가 재빠르게 가슴을 훑고 지나간다.

♡ ♡ ♡

"동생 봐야지."

간밤에 내린 비로 생긴 물웅덩이에서 첨벙거리는 정글

이 머리 위로 또 그 문장이 떨어졌다. 동네 어르신이다. 말을 할까 말까 망설이다 숨을 한 번 몰아쉬고 대답했다.

"배 안에 있어요."

20주를 넘겨 제법 불뚝해진 배를 만지며 말씀드렸다. 타인에게 임신을 알릴 때마다 가슴 한 쪽에서 뜨거운 것이 왈칵 쏟아지곤 한다. 배 속에서 꼬물거리는 정글이 동생 정의를 인정하는 작은 의식인지도 모르겠다.

"아이고, 잘했다. 잘했어!"

순간 어르신의 굽은 손가락 끝이 내 등에 살포시 닿았다 멀어졌다. 나를 안아주고 싶었나 보다. 그 모든 오지랖들을 담은 온기가 손끝에서 느껴졌다. 그것이 어르신의 진짜 마음이었을 것이다.

"아이고, 벌써 나오면 어떡해?"
"찬바람 쐬면 큰일 나. 얼른 들어가."

"지금은 젊으니까 몰라. 나이 들면 알게 될 거야."

"정말 걱정된다. 어떡하려고 이렇게 돌아다녀!"

예방접종을 하러 어쩔 수 없는 외출을 감행한 나에게 또 한마디씩 돌아온다. 평화는 내 안에서, 나의 체력에서 비롯되고 있었다. 내 체력으로 버틸 수 있는 날에는 어르신들의 간섭이 애정과 따뜻함으로, 내 체력이 바닥을 칠 때는 오지랖으로 변했다. 사람마다 나름의 이유가 있고 그럴 만한 사정이 있다는 것을 직접 경험해보고서야 알았다. 육아를 해보지 않았다면 타인의 삶에 나 역시 쉽게 훈수를 두었을 것이다.

가끔 양말조차 신기지 못하고 정신없이 아이를 담요로 둘둘 말아 횡단보도 앞에 서 있던 그날의 나와 조우한다. 가만히 이 우주의 온기를, 마을의 온기를 품어본다. 이만큼 견뎌내느라 고생했다.

'잘했다. 잘했어.'

전력 질주 말고
이어달리기

사회복지전담 공무원으로 발령받은 첫날이었다. 팀장님은 자차도 없고 운전도 못하는 나를 태우고 직접 운전해 담당 시설을 인사차 함께 방문해주었다. 되짚어보면 정말 대단한 배려다. 세상에 당연한 것은 없다.

센터 사무실 안에 손바닥만 한 겨울 햇살이 비치고 있었고 코 밑이 제법 거뭇거뭇한 중학생 둘이 난로를 쬐고 있었다. 대뜸 팀장님이 아이들에게 "아버지 존함이 어떻게 되시니?" 하고 물었다. 아이들은 입술을 모아 답했다.

"아, 그래? 대강면에 살고 있구나."

　물음표보다는 마침표에 가까운 문장에 아이들은 고개를 끄덕였다. 나는 그 풍경이 생경했지만 지금은 이해가 된다. 단양군 공무원 조직에는 나처럼 부부 공무원이 많다. 자매, 남매, 형제도 있다. 그러니 당연히 처제, 매형, 형수, 작은아버지, 큰어머니가 조직 안에 같이 존재한다. 타인의 일상에 큰 관심이 없어도 직원의 이름, 성격, 가족관계, 부동산 유무나 공시지가 등도 귀에 들어온다. 학연, 지연을 포함 그 어떤 연고도 없었던 나는 그 안에서 너무 외로웠다. 양 끝을 미세하게 떨며 정남북을 가리키는 나침반처럼 타인의 눈치를 보느라 긴장의 끈을 놓지 못했다.

　단체 버스로 직원 워크숍을 가는 날이면 버스에 혼자 앉지는 않을까 불안했다. 내 옆에 아무도 앉지 않아서 외로운 것이 아니라 타인에게 나의 사회성 결핍이 드러날까 노심초사했던 것이다. 그런 것 따위에 관심 없는 척하는 거짓 자아와 여리고 미숙한 진짜 자아의 간극이 커 늘 외롭고 불안했다.

어느 날 청와대에 민원인이 쓴 자필 편지가 왔다며 연락이 왔다. 사회복지시설 지붕 수리를 요청한 민원인에게 보조금을 지원할 수 없는 사안이라고 설명해드린 적이 있었는데 그 민원인이 보낸 편지였다. 당시 민원인은 내 설명을 잘 이해하는 듯 보였고 사무실 문 앞까지 웃으며 배웅했다. 상담을 잘 끝냈다고 생각했는데 나의 착각이었다. 그는 집으로 돌아가자마자 관련 사항을 도청도 아닌 청와대에 자필 편지로 알렸던 것이다. 치밀하지 못했던 나는 처리 과정을 문서로 남기지 않았고 며칠 동안 군과 도청에 머리를 조아리며 해당 건에 대한 근거와 해당 지침을 들고 설명해야 했다.

국민신문고, 국민청원. 국민권익위원회, 지자체 민원홈페이지 등 사회적 약자들을 위한 소통 창구들이 많아진 것은 이 시대 힘겹게 두 발 딛고 살아가는 이들을 위해 환영할 일이지만 자신의 부당한 이익이나 상대방의 신분에 위해를 가하기 위해 이 숨통들을 악용할 때 공무원들은 어쩔 수 없는 '을'이 되고 만다.

지난한 민원과의 논쟁 속에서 감정의 변화가 필터 없이 얼굴에 나타났다. 대응도 서툴렀고 상대방은 나의 의견을 듣고자 하는 의지가 희박해 보였다. 팀장님과 함께 군수실에 불려 다니던 무렵, 나는 새벽에도 간간이 깼고 심장이 찌릿찌릿 아팠다.

20대에는 통장이 차오르기 무섭게 여행을 떠났다. 여권 지면이 부족해 재발급을 받았고 모든 돈은 낯선 길 위에서 사라졌다. 그 탓에 이력서에 차마 쓰지도 못할 6개월짜리 조각 경력이 난무했다.

20대 끝자락에 공무원이 되겠다고 모든 사람과 연락을 끊고 고시원에 고치를 틀었다. 가진 것이라고는 늘어난 티셔츠 두 장과 헤진 트레이닝복이 전부였다.

무력감과 싸우던 어느 봄날, 내 앞으로 큰 택배가 도착했다. 정기적으로 가족들이 찾아오고 택배가 배달되는 다른 사람들과 달리 철저히 고립되어 있던 나에게 고시원 동지가 택배를 갖다주었다.

돈 없을 땐 이런 것도 금방 떨어지더라

친한 언니의 편지와 생리대 열 팩이 들어 있었다.

10여 년의 공무원 생활을 마감하고 사직서를 제출하던 날, 언니가 보내준 편지가 생각났다.

사회복지를 전공하고 관련 업계에서 경력을 쌓았으니 당연히 구직할 때도, 공무원 시험을 준비할 때도 사회복지 분야를 기웃거렸다. 자연스러운 흐름이라고 생각했지만 생각해보면 나에 대한 면밀한 고찰 없이 수능점수에 맞춰서 들어간 대학과 전공이었다. 졸업장을 따라 경력을 쌓았고 그렇게 15년이 흘렀다. 그 과정 안에 나는 없었다. 하루 24시간을 오롯한 나의 시간으로 정당하게 허락받은 지금은 '나는 언제 행복한가? 나는 무엇을 잘하고 무엇을 좋아하는가?'를 자문하며 꾸준히 나를 들여다본다. 모든 선택의 중심과 기준은 나다.

오래전부터 낙서에 가까운 끄적임이 좋았다. 서툰 인간관계와 반복에서 오는 권태로 마음이 심란해지면 글쓰기로 스스로를 위로했다. 쓸데없는 나 혼자만의 행위라고 간주해왔는데 이렇게 책까지 쓰고 있으니 실로 위대한 취미였다. 평생 공무원으로만 살 것처럼 공부했으나 아이 엄마가 되었고, 게스트하우스 주인장이 되어 여행자들을 만나고 있다. 상상조차 해본 적 없는 궤도에 올라 일상을 꾸려가고 있는 것이다. 한 곳에 집중하지 못하고 수시로 염탐하며 넘나들었던 다양한 분야는 서로 융합해 새로운 에너지를 발산했다. 세상에는 다른 분야와 전혀 소통하지 않는, 완벽히 독립적인 것은 없기 때문이다.

공무원으로서 제공되는 혜택들을 겸허히 누리고 '한 우물'을 묵직하게 팠다면 지금보다 훨씬 안정적으로 살고 있을지도 모른다. 통장에 찍히는 월급은 없지만 오롯하게 나의 감각과 선택으로 정의되는 24시간을 매일 선물 받고 있다.

설거지
예찬

"지혜 씨! 의원실에서 노인 일자리 현황을 A4 한 장으로 정리해서 달래."

"네."

단양은 노인 인구 비율이 높은 데다 선거를 앞두고 있어 노인복지 업무에 다들 관심이 많았다. 남들은 A4 한 장짜리 보고서가 제일 쉽다는데 나는 몇 시간째 모니터만 노려보고 있었다. 서술형으로 풀어써야 하는지, 그래프를 넣어 도식화해야 하는지조차 감이 없었다.

화제가 되는 안건이 생길 때마다 동시다발적으로 직원들에게 자료를 요청하니 지금 당장 나의 회신만 목 빼고 기다리고 있는 것은 아니라는 것쯤은 잘 알고 있지만 다른 민원 업무도 처리해야 했기에 마음이 조급했다.

일머리도 없이 자리만 차지하는 월급 루팡이 된 것 같아 뒤가 켕겼다. 같은 팀 동료 A도 의원실 요청 자료 일을 받은 모양인지 둘 다 멍하게 허공을 응시하다 시선이 부딪혀 가볍게 웃었다. 마음은 바쁘지만 이왕 이렇게 된 거 어쩌랴 싶어 커피 한 잔 하자고 하니 A도 흔쾌히 자리에서 일어났다.

"보고서 쓰는 게 너무 어려워요. 언니는요?"
"하루 종일 설거지만 했으면 좋겠어."

나의 대답이 어이없었는지 A는 한참을 웃었다. 스스로의 무능력함에 놀랐고 자꾸만 밑으로 가라앉는 서로를 보며 안도한 우리는 가벼워진 발걸음으로 다시 자리에 앉았다.

몇 년 후, 나는 진짜로 공무원을 그만두었고 객실과 욕실 청소, 설거지로 하루를 보내고 있다. 변기를 닦으며 강도 높

223

PART3 쉽게 행복해지는 사람, 나는 엄마입니다

은 청소를 하고 있지만 마음은 편안하다. 나는 땀을 흘리고 몸을 쓰며 일하는 게 더 좋다.

아들만 둔 엄마는 며느리가 문을 안 열어줘서 길에서 죽고, 딸만 둔 엄마는 외손자 업고 싱크대 앞에서 죽는다더니 싱크대 앞에 서면 마음이 편안하다. 아이와 끝없는 역할놀이 늪에서 허우적거리다 "엄마 잠깐 설거지하고 올게" 하고선 도피처로 이용할 때도 있고, 마음이 싱숭생숭한 날 뜨거운 물을 받아 공들여 설거지를 하고 나면 마음이 한결 평온해진다. 정리정돈에 영 젬병이라 물건을 갈무리하고 나누는 행위들은 도대체 어떻게 시작해야 하는 건지 감이 없다. 하지만 설거지는 '잘한다', '못한다' 상한선이 없다. 적당량의 세제를 묻혀서 반복해서 닦고 거품이 일지 않을 때까지 헹궈내기만 하면 된다. 가끔은 그릇 건조대에 미드를 틀어놓고 설거지를 하며 영어 공부를 하기도 하고 뮤직비디오를 보며 엉덩이를 들썩거리기도 한다.

설거지는 매일 반복되어 흘러가는 일상에서 가장 소극적인 긴장 해소법인지도 모르겠다. 육아도 살림도 어디서부터 해야 할지 막막할 때 고무장갑을 끼고 하루를 어찌 보낼지 구상한다. 딱히 머리를 쓰며 창의적인 생각을 하지 않아도 해야 할 일이 하나 줄었으니 기분이 좋다. 어지럽게 얽혀 있던 그릇들이 가지런히 건조대에서 말라갈 때 마음에 깊은 안도가 스며든다. 경쾌한 마찰음을 내며 남편에게 나는 지금 놀고 있지 않음을 호소할 수 있고, 덤으로 육아를 떠넘길 구실도 생긴다.

저녁을 먹고 설거지를 하고 있으니 남편이 커피를 사러 갈 건데 필요한 거 없냐고 물었다.

"같이 갈까?"

서둘러 고무장갑을 벗고 나갈 준비를 했다. 남편과 나의 동시 외출이니 당연히 아이들도 내복 바람으로 같이 나간다. 부모의 외출에 아이들이 '당연히' 따라나서는 날이 얼마나 남았을까 싶어 일상이 소중하게 느껴졌다.

남편이 육아휴직을 하고 넷 다 집에서 놀면서 이제 그 누구도 서두르지 않는다. 간단한 간식과 돗자리를 챙겨서 집 앞 놀이터에 가는 길도, 젤리 하나 사러 집 앞 편의점에 가는 길도 여행이 될 수 있다는 것을 알았다.

편의점에서 나오니 그새를 못 참고 비가 오기 시작했다. 아이가 좋아하는 꽃게 모양 과자를 들고 뛰었더니 몇 마리가 도로 위에 떨어졌다. 과자는 금방 녹아내렸고 그 모양을 가만히 지켜보는 것도 재미있었다. 비를 뚫고 뛰는 것은 기쁜 일이구나.

집에 돌아오니 열어놓은 창문으로 빗줄기가 들이치고 있었다. 싱크대의 그릇과 고무장갑이 도열을 이루며 말라가고 채 마시지 못한 커피는 빗소리와 함께 대기를 물들이고 있었다. 아이들은 초콜릿을 먹고 양치질도 잊은 채 까무룩 잠이 들었다.

부부 둘 다
놀고 있습니다

아버님의 병원 생활이 길어졌다. 아버님은 타인의 손길을 거부하셨고 80을 바라보는 어머님이 간병을 하다 한계가 오는 것은 당연한 수순이었다. 팬데믹 시대라 문병은 허락되지 않았고 전화기 너머 어머님의 목소리로 간밤의 피곤을 짐작했다. 90을 바라보는 아버님은 식사를 제대로 못하셨고 기력이 쇠해진 나머지 섬망 증상도 보이신다고 했다. 병실이 부족해 급한 대로 들어간 6인실. 딱딱하고 좁은 간이침대 위 어머님의 고독한 시간이 고스란히 전해졌다.

"어머니, 많이 힘드시죠."

"어쩌겠냐. 내 업이라면 받아들여야지."

순간 울컥 뜨거운 것이 올라왔다.

인사이동으로 남편은 새로운 업무를 맡게 되어 많이 지쳐 보였다. 누적된 피곤과 걱정으로 밤에도 쉬 잠들지 못하는지 인기척이 늦게까지 이어졌고 밥맛이 없다며 끼니를 거르는 일이 잦았다. 급기야 둘째 출산 후 불어난 나의 몸무게가 수척해진 남편을 앞지르기 시작했다.

"휴직하는 건 어때?"

그냥 하는 말이었지만 뒷감당을 어떻게 할지 생각해보지 않고 뱉은 말은 아니었다. 남편은 나의 제안에 희미하게 임시 출구를 만났다고 생각했는지 생각에 빠졌다.

몇 주 뒤에 남편은 진지하게 휴직을 입 밖으로 꺼냈다. 쉼은 비단 격렬한 레이스 뒤에서만 달콤한 것이 아니다. 쉼은 늘 좋다.

그래, 그럼 우리 경제를 좀 생각해보자. 당시에 나와 남편 둘 다 백신 미접종자로 식당과 카페 출입을 강제로 차단 당했다. 그렇게 몇 주간 커피 값과 외식비가 줄면서 카드값이 30만 원 아래로 떨어졌다. 신학기가 지나고 봄이 완연해지면 게스트하우스도 다시 활기를 띨 것이다. 첫째 정글이에게 할당된 1년의 육아 휴직 수당은 이미 모두 사용했고, 둘째 정의의 수당이 1년간 고정 지출은 어느 정도 담당해줄 것이다. 그래, 가능하겠다.

"오빠 인생이니까, 오빠 하고 싶은 대로 해."

인사 시즌이 아니라 대체 인력이 있을까 싶었는데 다행히 인사팀에서 인력을 줄 수 있다니 업무 공백은 피할 수 있었다. 남편이 직장에 육아휴직이라는 말을 꺼내자마자 모든 일이 일사천리로 진행되었다.

그렇게 남편의 육아휴직이 시작되었다. 하지만 24시간 같이 있다 보니 계속 부딪혔다. 남들은 육아 조력자가 생겨서 얼마나 좋냐고 하지만 내게는 '삼식이' 한 명이 갑자기 뚝 떨어진 셈이다. 나와 남편이 집안일을 바라보는 관점은 현저히 달랐고 우선순위는 철저하게 반대였다. 나는 책을 읽고, 글을 쓰고, 운동까지 한 후, 눈 씻고 찾아봐도 할 일이 없을 때 하는 일이 청소였다. 그마저도 앉은 자리에서 손으로 쓱쓱 쓸어 손가락에 걸리는 것만 버리는 정도로 끝내는 사람이었다.

물론 게스트하우스 관리나 청소는 다른 문제다. 첫 자취를 시작으로 20년을 그렇게 살아왔고 그 누구도 그런 방식을 탓하거나 교정을 요구하는 사람은 없었다. 켜켜이 쌓아온 삶의 궤적이었다. 남편은 그런 나를 보고 정신이 산만하다고 했다. 살림살이들이 산만하다고 정신도 산만한 지경을 경험해본 적 없어 솔직히 좀 의아했다.

친정 엄마는 청소보다는 들녘을 더 사랑한 사람이었다. 물론 나보다는 훨씬 깔끔하시지만 시간만 나면 청소보다는 쑥과 냉이를 캐고 고사리를 꺾고 주인 없는 산에서 알밤을 줍느라 바빴다. 친정집 마당은 농작물들과 정체를 알 수 없는 살림살이들이 뒤엉켜 청소를 해도 늘 어수선했다.

시어머니 댁은 많이 달랐다. 불쑥불쑥 찾아가도 곰팡이 없이 깨끗한 욕실 타일, 주름 잡혀 걸려 있는 바지, 오래 되었지만 은은하게 빛나는 가죽 소파 등 자동으로 유지되지 않는 것들이 제 고유의 빛을 발하며 자리를 차지하고 있었다. 그런 어머니 밑에서 자란 남편의 우선순위는 언제나 청소였고 뭔가 일을 시작하기 전에 정리부터 하곤 했다. 본래 하려는 다른 일이 있었는지, 청소가 목적이었는지 조차 가늠이 안 될 정도로 청소에 공을 들였다.

먼지는 매일 마주하는 식탁에도 전등 스위치 위 좁은 면적에도 쌓인다는 것을 마흔이 넘어 남편을 통해 배워가는 중이다. 많이 쟁여놓고 아무렇게나 사용하며 잘 안 버리는 나와 고심해서 물건을 들이고 아껴 쓰며 계절이 바뀌면 닦고 비닐을 씌워 정리하는 남편은 달라도 너무 다르다. 그 다름이 남편의 휴직을 통해서 더 여실히 드러났다. 미치게 싸울 때마다 '우린 너무 달라'라는 말로 비겁하게 현장을 피하곤 했다.

공무원 재직 시절 군수나 의원 들을 모시는 각종 행사가 잡히면 나는 이런 고민부터 했다.

"뭐 입고 가지?"

내가 여자여서 그런지, 태생적으로 남 눈치를 많이 봐서 그런 건지는 모르겠지만 어쨌든 행사 사전 준비보다 내겐 뭘 입을지가 관건이었다. 어떤 옷을 입고, 뭘 신을지를 결정하고 나서야 행사 준비에 집중할 수 있었다. 간간이 열리는 행사로, 동료 결혼식으로, 벚꽃이 날리니까, 장마로 기분이 우울하니까, 갑자기 잡힌 단풍여행, 특별 할인 행사로 옷과 신발을 사야 할 이유는 차고 넘쳤다. 쉴 새 없이 물건을 사고 버리고 또 샀다.

우리 부부는 결혼하고서도 둘이서 얼마를 벌고 얼마를 쓰는지 잘 몰랐다. 허투루 쓰는 게 없으면 됐지 싶었다. 각자의 월급은 각자 관리했기에 건건이 기록하고 따지는 행위가 비속하게 느껴졌다. 어차피 다음 달에도 의심 없이 월급이 나오기에 그런 행위가 소모적으로 느껴졌다. 동료들의 결혼식, 장례식 등 예상 밖의 지출을 허했고 저녁 외식과 주말 배달은 '밥값하고 온 사람'이라는 타이틀 아래 합리화되었다. 주말 점심 외식은 냉장고에 먹을 게 없으니 자연스럽게 저녁 외식으로 이어졌다. 통장 잔고는 언제나 예상 숫자보다 적었고 특별히 잘 먹은 것도 없는데 10만 원이 우습게 사라지곤 했다. 그렇게 주말을, 직장 생활을 보냈다.

정신을 차리고 남편과 밀도 있게 의견을 나눴다. 수입이 많지 않았지만 지출을 줄여 알토란처럼 챙기고 아이들 옆에 있어줄 수 있으니 굳이 비싼 장난감이나 선물로 환심을 사지 않아도 된다. 천천히 기다려주고 마음을 읽어주며 같이 만든 종이 인형으로 놀아주었다.

처음에 눈부시던 것들도 익숙해지면 빛을 잃게 마련이다. 우리는 더 이상 물건을 사지 않았다. 참는 것이 아니라 필요가 없어졌다. 자의와 타의로 형성되었던 소속이 없어졌고 무릎 나온 바지, 슬리퍼 차림으로 만날 수 있는 인연만 남았다. 의미 없는 인연들의 부조 알림 문자도 차단되었고 폭풍처럼 밀려오던 택배도 사라졌다.

"와, 이게 쪼는 맛이 있구나. 너도 그랬어?"

통장 잔고를 살펴보던 남편이 말했다. 남편은 혼자 마트에서 장을 본 후에야 나의 고독한 경제를 이해했고, 나는 어두운 남편 방에 혼자 누워본 후에야 남편의 외로움을 조금 알 수 있었다.

아이들이 잠든 밤, 남편은 해결되지 않은 민원에 끙끙대는 대신 어제 찍은 아이의 동영상과 사진을 정리하고 아침

233

에 무엇을 먹을지를 밀도 있게 고민했다. 남편은 이제 아이의 공주 인형들 이름을 모두 외우고, 시키지 않아도 파 한 단을 다듬어 쫑쫑 썰어 냉동실에 넣어둔다. 아이가 배가 고프다고 하면 나보다 먼저 벌떡 일어나 멸치주먹밥을 만드는 아빠가 되었다.

4인 가족 모두 출근하지 않는 아침, 느릿느릿 햇감자를 갈아 밀가루를 넣고 부쳤다. 옹색한 살림살이, 극세사 이불 사이사이, 창문 틈에도 기분 좋은 기름 냄새가 고였다. 정의에게 젖을 물리고 셋이서 번들거리는 입술로 사이좋게 음식을 나눠 먹고 양치도 하지 않고 누웠다. 삶이 녹록지 않은 날, 아이들은 오늘의 기름 냄새와 번들거리던 입술을 떠올리며 다시 박차고 일어나 일상으로 돌아갈 것이다.

세상이 나를
찾든지 말든지

스무 살, 대학생이 되자마자 학교 앞 24시간 김밥 가게에서 아르바이트를 시작했다. 밤 8시부터 아침 8시까지 꼬박 12시간 동안 설거지를 했다. 초록빛 영업용 주방세제를 썼는데 얼마나 독했던지 일한 지 얼마 되지 않아 주부습진이 생겼다(지금도 여름이 되면 습진 때문에 고생이다).

자정이 넘어 한숨 돌릴까 싶었으나 도서관 문 닫는 시간이라 늦게까지 공부하던 학생들이 쏟아졌고 다시 설거지를 시작했다. 사장님과 같이 일하는 언니들 눈치를 보다 끼니를 놓쳐 배가 몹시 고팠다.

새벽 3시가 되어서야 좀 쉴까 했는데 이번에는 화려하게 차려입은 손님들이 몰려왔다. 인근 클럽들이 문 닫을 시간이라고 했다. 밤새 신나게 몸을 흔들었던 사람들은 며칠 굶기라도 한 듯 김밥을 먹었다.

바삐 설거지를 하고나니 두 시간이 훌쩍 지나 있었다. 같이 일하던 언니가 김밥 두 줄을 썰어줬다.

"눈치껏 손님 없을 때, 썰어서 먹어. 여긴 24시간이라 알아서 챙겨 먹어야 해."

손님이 보지 않는 구석에서 물 한 컵 없이 단숨에 김밥을 들이켜다시피 먹었다. 당시 나는 내 공간에서 혼자 챙겨 먹는 밥이 익숙하고 편했다.

서른을 훌쩍 넘기고 나는 수줍음 많은 남자와 결혼했다. 다신 읽기 전으로 돌아갈 수 없는 재미있는 책을 읽고 그 사람에게도 보여주고 싶다는 생각이 들었을 때, 그것이 좋아하는 마음인 걸 알았다. 뭐든지 함께하는 가족 안에서 자란 남편은 나와 뭐든지 함께하고 싶어 했다. 함께 밥을 먹고 커피를 마시고 같은 공간에서 책을 읽고 싶어 했다. 육아도 마찬가지였다. 연대와 화합의 근육이 약했던 나는 '같이'의 따뜻함이 좋다가도 문득 답답했다.

'밥'은 늘 묵직했다. 힘들여 차려도 식탁은 늘 빈약했고 끼니와 설거지, 과일 몇 조각의 간식이 톱니바퀴처럼 맞물린 채 여백 없이 돌아갔다. 아기는 애써 끓인 소고기뭇국을 먹지 않겠다며 입을 앙다물었고 혼자 마시려고 탔던 믹스커피는 차갑게 식곤 했다. 나 혼자만의 고독과 외로움이 그리웠다. '아이가 독립할 때까지 내 시간이 없을 수도 있겠구나'란 생각이 형벌처럼 느껴졌다. 다들 이렇게 살고 있으니 나도 그냥 이렇게 사는 거지 싶다가도 억울했다.

온라인 장바구니에 담아 놨던 책을 한꺼번에 구입했다. 책등이 나란히 정렬된 녀석들이 매일 밤 나를 유혹했다. 아이를 재우고 읽으려 했는데 아이는 쉽게 잠들지 않았다. 아이의 숨소리가 규칙적으로 변할 즈음 나도 까무룩 같이 잠들어버렸다.

기분 나쁘게 화창한 아침 햇살에 눈을 떠보니 7시였다. 독서는 틀렸고 혼자 커피라도 마시려고 살금살금 포복 자세로 이불 밖으로 기어 나왔다.

"엄마! 커피 마시게?"

아, 오늘도 혼자 시간을 보내긴 글렀다.

'1년 전 사진'이라며 알림창이 뜨면 그 시간에 박제된 정글이의 동영상과 사진을 들여다본다. 매일 새로운 아이가 온다고 하더니, 어쩌면 매일 어제의 정글이와 이별하고 있구나 싶다. 이별은 서글프지만 내 의지대로 24시간을 진두지휘하며 이기적으로 살아온 나에게 육아는 너무 힘겨웠다. 나를 위한 시간은 일상 구석구석 산재되어 있는데 아무리 많이 쌓이고 누려도 스스로 만족하지 않으니 늘 부족했다.

가끔 혼자만의 시간을 보낼 기회가 있었지만 언제 어떤 변수가 튀어나올지 몰라 휴대전화만 보다가 시간을 흘려보내기도 했다. 남편은 가끔 자기는 괜찮으니 혼자 시간을 보내고 오라고 하지만 미안함에 온전히 그 시간을 즐기지 못하고 아이의 밥투정이나 칭얼거림에 달려와 종종거리다 시간을 보냈다.

이렇게 나의 청춘을 보내고 싶지 않은데. 정당하게 내 시간을 획득하고 싶었다. 24시간 모두 내 시간이었던 결혼 전 6분의 1만이라도 내 마음대로 선택하고 오롯이 품을 수 있는 시간을 말이다. 고민하다 남편과 4시간씩 나눠서 혼자 육아를 전담하자고 제안했다.

나의 외출을 가로막았던 모유를 대신할 분유를 샀다. 첫째 정글이가 여태 병원 신세 한 번 지지 않고 무탈한 것은 모유라고 생각해왔던터라 인터넷 쇼핑몰 검색창에 '분유'라고 검색하는 순간, 죄책감이 일었다. 그러나 그것도 잠시 나와의 데이트에 설레고 있었다.

보온병에 뜨거운 물을 채우고 텀블러를 챙겼다. 믹스커피와 냉장고 깊숙한 곳에 넣어둔 정글이의 젤리와 쿠키도 몇 개 몰래 담았다. 싱크대의 수북한 설거지와 서운해하는 아이를 뒤로하고 씩씩하게 집을 나섰다. 어깨로 전해지는 가방의 묵직함이 좋았다.

솔직히 딱히 갈 곳도 만날 사람도 없었다. 가까운 인연들은 다들 육아의 숲으로 들어갔고, 결혼을 안 한 인연들은 교차점이 없어서 만나도 이야기가 겉돌았다. 아주 멀리 떠날 것처럼 장황하게 준비했지만 가는 곳은 근처 도서관이었다. 아이 손을 잡고 그림책을 빌리러 오는 것과 나를 위해 한 자리 차지하는 것은 확연히 달랐다. 매일 마주하던 풍경과 사서들이 생경하게 다가왔다. 간단한 눈인사를 하고 창가에 앉아 책과 노트북을 켰다. 주책맞게 눈물이 날 것 같았다. 이런 내가 안쓰러워 잠깐 숨을 멈췄다. 누구에게 보여주거나 어딘가에 검증받기 위해서가 아니라 순수한 갈증과 즐거움으로 글을 쓰고 읽으며 나 자신을 보듬었다. 유리창으로 들이치는 햇살을 마주하는 책들을 찬찬히 만져보니 따뜻했다. 보온병의 물로 커피를 타 마시며 글을 쓰고 나니 마음이 한결 편안해졌다.

그렇게 4시간을 보내고 집으로 돌아왔다. 아이가 유튜브를 보면서 밥을 먹겠다고 떼를 쓸 때도, 싱크대에 산처럼 쌓여 있는 설거짓거리를 보고도 좀 더 의연해질 수 있었다.

나의 '나몰라 외출'에 서운해 하던 남편은 어느새 제 시간을 즐기러 노트북을 들고 바람처럼 사라졌다. 아이와 인형놀이 열 번, 좀비놀이 열 번을 다 끝내갈 때쯤 남편이 돌아왔다.

냉이를 넣어 된장국을 끓이고 친정 엄마가 보내주신 들기름을 넣어 봄동 겉절이를 만들었다. 그러고도 체력과 의지가 남아 있어 설거지를 하고 뒷정리도 마저 했다. 정렬된 그릇들을 보고 있자니 기분이 좋았다.

오늘도 보온병과 텀블러, 믹스커피를 챙겨 도서관으로

향한다. 이른 봄 햇살 아래 목련 눈꽃이 제법 도톰해졌다. 곧 꽃을 피울 모양이다. 어제까지 보지 못했던 것들이 내가 일탈을 시작하자 제 존재를 드러냈다. 이유 없이 코끝이 시큰거렸다.

인도 쿠리행 버스의
행복이 여기에

인도 서북부 파키스탄의 국경 근처에 '쿠리(Khuri)'라는 곳이 있다. 인도의 동부 콜카타에서 서부 쿠리로 이어지는 횡단 루트가 있는데 인도를 찾는 한국인들 사이에서 '국민 루트'로 불린다. 방콕 카오산 로드에서 만났던 여행자를 콜카타의 마더 테라사 집에서 다시 만났고, 그 인연은 다시 쿠리 사막 낙타 등 위에서 이어졌다.

가장 인도적(人道的)이며
가장 인도적(印度的)이고

가장 탐미적이며 가장 철학적인 길.

가장 많은 사기꾼과 성범죄가 득실대는 길.

20대 말미에 두 달에 걸쳐 이 국민 루트를 여행한 뒤 인도를 좀 더 깊숙이 여행해보고 싶어졌다. 어쩌면 인도의 속살을 느끼며 '나 여행 좀 하는 사람이야'를 증명하고 싶었는지도 모르겠다. 돈은 없지만 시간은 많았다.

가. 보. 자.

역시나 쿠리행 버스는 많았지만 시간을 지키는 버스는 없었고, 운전석에 앉아 있는 사람도 없었다. 버스기사들은 40도를 오르내리는 사막 더위를, 더 뜨거운 사막 빛 짜이(인도식 밀크티)로 달래고 있었다. 몇 개 남지 않은 치아로 빤을 씹으며 짜이를 가미한 수다는 끝이 없었다. 그들을 기다리는 승객들이 적지 않았으나 급해 보이는 사람은 나뿐이었다. 버스기사와 터미널 사무실에 언제 출발하냐는 질문을 하는 사람도 나뿐이었다.

오늘 출발하기는 하는 건지 안절부절하는 사이 다른 사

람들은 아예 넓찍한 돗자리를 꺼내 모래바람 속에서 낮잠을 잤다.

한 시간이나 지났을까 버스 한 대가 노인의 기침 소리 같은 출발을 알렸다. 버스의 유리창은 모두 깨져 성한 곳이 없었고, 의자는 눅진한 솜을 뱉어내며 노동의 인정을 갈구하고 있었다. 경적소리에 돗자리에 누워 있던 사람들도, 아이에게 젖을 물리던 여인들도 옷을 추스르며 일어났다.

너무 낡아 움직이는 것 자체가 신기했던 버스가 쿠리로 향했다. 사막 능선을 구비구비 넘다보니 제 역할을 상실한 지 오래인 창문으로 모래가 들이쳐 입 안이 서걱거렸다.

버스 안은 혼돈 그 자체였다. 아가의 입에서 흘러내린 노리개 젖꼭지가 모래와 섞여 바닥을 뒹굴었고, 사리(인도 전통 의상)를 입은 여인이 그 젖꼭지를 집어들고는 허벅지에 슥 닦아 다시 아이 입에 넣어주었다. 언제 동승했는지 화려한 수탉 두 마리와 아기염소가 빼꼼히 고개를 들었다. 쉴 새 없이 노래가 흘러나왔고 겨우 엉덩이를 붙이고 앉아 있는 내 머리 위로 먹을 것들이 쉼 없이 오갔다. 어느 순간 내 손에도 사모사(인도식 튀김만두) 두 개가 쥐여져 있었다. 배낭 모서리에 꽂아 두었던 인도 가이드북은 모든 승객들이 돌려보고 이젠 버스기사 손에 들려 있었다.

오후 3시, 사막의 길어진 햇살이 버스 안으로 사정없이 들이치고 있었고 버스기사를 포함한 모든 이가 꾸벅꾸벅 졸고 있었다. 오랫동안 씻지 않은 이의 시큼한 땀 냄새와 닭과 염소의 분비물 냄새가 엉켜 훅 끼쳐왔다. 누가 먼저 시작했는지 알 수 없는 곡조가 변주를 반복하다가 버스 안에서 합창이 시작되었다.

오랫동안 인도여행을 꿈꿨다. 그곳에 가면 누구나 철학자가 된다고 했다. 살아 있는 것들의 온기에 어질할 정도였다. 어이없게도 눈물이 차올랐고 너무 행복해서 '이렇게 행복해도 되나?'에서 출발한 불안과 걱정이 비집고 들어올 지경이었다.

♡ ♡ ♡

냉장고 안에서 말라가던 과일 몇 조각으로 만든 주스와 토스트 몇 조각, 삶은 고구마로 늦은 식사를 때우고 다시 넷이서 드러누웠다. 재촉의 단어가 사라지고 느리게 흘러가는 하루. 첫째 정글이가 배를 둥둥거리며 한마디 뱉어낸다.

"좋~다!"

다 쓴 마늘 통에 물을 부어 휘휘 헹군 물을 찌개에 넣을 때, 지퍼 백에 갈무리해놓은 파를 탈탈 털어 떡볶이에 넣을 때, 검은색 색연필을 구석에서 찾아 12색을 맞춰 뚜껑을 닫을 때, 알 수 없는 충만감에 미소가 번진다. 서툰 자장가로 겨우 재웠는데 아이 배냇머리를 귀 뒤로 꽂아주고 미세하게 떨리는 속눈썹을 쓸어주다 아이를 깨우고 말았다. 급히 자장가를 불러주는 내가 웃겨서 조금 웃었다.

다시 토닥토닥 아이를 재웠다. 아이들을 재우고 꺼낸 쌉싸름한 맥주 한 모금이 나를 인도의 작은 마을 쿠리로 인도한다. 특별한 곳에서 누렸던 행복이 지극히 평범한 곳에서 쉴 새 없이 등장했다. 평범해서 감사한 하루가 제 속도로 흘러가고 있었다.

최소한의 육아

초판 1쇄 발행 2023년 7월 3일

지은이   고지혜

펴낸이   이효원
펴낸 곳   언폴드
출판등록   제2020-000142호
주소   서울시 마포구 성지길 25-11, 지층 134호
이메일   unfoldbook0@gmail.com
대표전화   0507-1495-0422
인스타그램   @unfold_editor

ISBN 979-11-971572-8-8 03590